茶文化与茶艺基础教程

主　编　潘红枫
副主编　林梦兰
参　编　吴小妹　尹　丽　程爱萍
　　　　程　瑜　阙杨战　邹　琴
　　　　唐　谊

南京大学出版社

图书在版编目（CIP）数据

茶文化与茶艺基础教程 / 潘红枫主编 . -- 南京 :
南京大学出版社 , 2021.8（2025.1 重印）
ISBN 978-7-305-24146-8

Ⅰ . ①茶… Ⅱ . ①潘… Ⅲ . ①茶文化 – 中国 – 教材②
茶艺 – 教材 Ⅳ . ① TS971.21

中国版本图书馆 CIP 数据核字（2020）第 265582 号

出版发行　南京大学出版社
社　　址　南京市汉口路 22 号　　　　邮　编　210093

书　　名　茶文化与茶艺基础教程
　　　　　CHAWENHUA YU CHAYI JICHU JIAOCHENG
主　　编　潘红枫
责任编辑　刁晓静　　　编辑热线　025-83592123

照　　排　南京新华丰制版有限公司
印　　刷　南京凯德印刷有限公司
开　　本　787mm × 1092mm　1/16　印张　6.5　　字数　150　千
版　　次　2021 年 8 月第 1 版　2025 年 1 月第 4 次印刷
ISBN 978-7-305-24146-8
定　　价　42.00 元

网址：http://www.njupco.com
官方微博：http://weibo.com/njupco
微信服务号：NJUyuexue
销售咨询热线：（025）83594756

前言

茶起源于中国，茶艺、茶文化与中国文化的各个层面有着密不可分的关系，随着人们生活水平的大幅提高，茶艺、茶文化快速融入大家的日常生活中。现代生活忙碌而紧张，茶艺可以缓和人们的情绪，使人精神松弛，心灵更为澄明，还可以提供休闲活动，拉近人与人之间的距离，化解误会冲突，建立和谐的人际关系。

本教材为茶艺专业学生和茶艺爱好者的学习用书，旨在向学生普及中国“茶文化”知识，帮助广大学生充分学习了解我国乃至世界茶文化的历史发生、发展及未来趋势，掌握基本的茶文化和茶艺知识，学会“感知美好生活、享受美好生活、创造美好生活”。

本教材分为茶科学知识（科学模块）、茶文化基础知识（文化模块）、茶艺术修养（艺术修养模块）、茶艺技能（技能模块）四个板块，设置20个项目。鉴于编者水平有限，错差和疏漏在所难免，恳请大家批评指正。

目　录

第四章　茶艺技能

第一章 茶科学知识

学习目标：

1. 了解茶的起源与传播发展，树立茶文化自信，铸就社会主义文化新辉煌；
2. 了解我国茶区分布以及各茶区的气候特点、所产名优茶；
3. 掌握茶叶的分类以及各类茶的品质特征；
4. 了解茶叶的保健成分。

模块一　茶的起源与传播

一、茶的起源

中国是最早发现和利用茶树的国家，是茶的故乡，根据文字记载，早在4700多年前，我们的祖先就已经开始栽种和利用茶树。茶，源于中国，是中华之国饮。陆羽（733—804）《茶经》中记载："茶之为饮，发乎神农氏，闻于鲁周公，齐有晏婴，汉有杨雄、司马相如，吴有韦曜，晋有刘琨、张载、远祖纳、谢安、左思之徒，皆饮焉。"

茶树原产于中国，但国外学者中有人曾对此提出异议，依据是1824年在印度阿萨姆邦发现了野生茶树。根据100多年来国内外学者的实地考察，目前已经确定中国西南地区是茶树的原产地。主要依据如下。

（一）我国是世界上最早发现和加工利用茶树的国家

陆羽《茶经》中记载："茶之为饮，发乎神农氏。"《神农本草经》记载："神农尝百草，日遇七十二毒，得茶而解之"，这里的"荼"即为"茶"。世界上第一本茶叶专著为我国唐代陆羽所著《茶经》，《茶经》对唐代及唐代以前的茶事进行了系统的总结。我国加工茶叶的历史悠久，在三国时期就有制茶饼的记载；到唐代发明了蒸青技术；明代恢复散茶，逐渐演变成现在的喝茶习惯。

图 1-1　神农氏

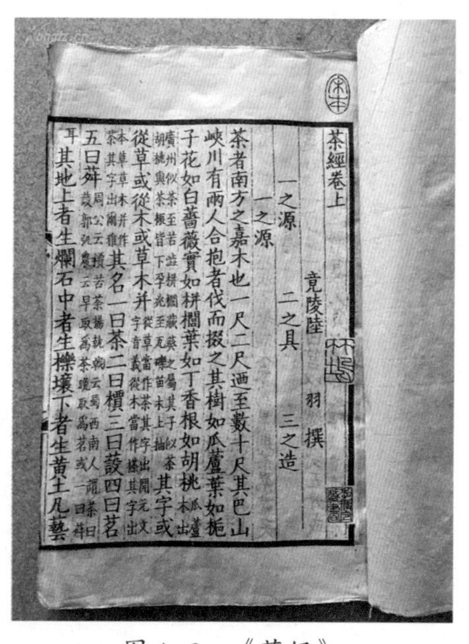

茶經卷上

竟陵陸　羽　撰

一之源　二之具　三之造

一之源

茶者南方之嘉木也一尺二尺迺至數十尺其巴山峽川有兩人合抱者伐而掇之其樹如瓜蘆葉如梔子花如白薔薇實如栟櫚葉如丁香根如胡桃……其字或從草或從木或草木并……其名一曰茶二曰檟三曰蔎四曰茗五曰荈……其地上者生爛石中者生櫟壤下者生黃土凡藝

图 1-2　《茶经》

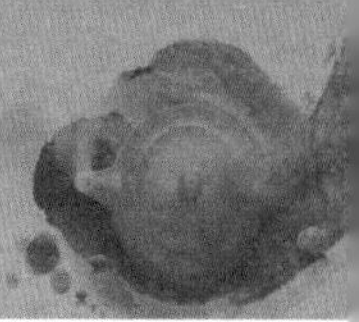

（二）我国西南地区最早发现野生大茶树

根据“物种起源学说”，许多属的起源中心在某一个地区集中，即表明该地区是这一植物区系的起源中心。我国是世界上最早发现野生大茶树的国家，目前发现的山茶科植物大部分分布在云贵川一带，这可以有力地证明中国西南地区就是茶树的起源中心。

图 1-3　野生大茶树

（三）世界各国对茶的称谓起源于中国

世界各国对于茶的称谓都起源于中国。如英文当中的茶为Tea，德语Tee、法语The等都是由茶的闽南语发音及粤语发音音译的。而韩语的차、俄语的чай都是由我国北方茶的发音音译的。

（四）世界各产茶国的茶树都是直接或间接从中国引种的

公元805年，日本高僧最澄禅师到浙江天台学佛，回日本时带回了茶籽，种植于日本滋贺县；元朝，马可波罗来华为官，回国时带回了茶叶；明代郑和下西洋，将茶叶传入南洋各国。同时也将茶树种植技术以及饮茶方法传播到了世界各国。

以上四点可以证明中国是茶树的原产地。

图 1-4　郑和下西洋

二、茶的传播

中国茶叶向世界传播的历史久远，最早是从汉代开始的，早在西汉时期，汉武帝就曾派遣使者前往印度等地，茶叶最先在这一带传播开来。（庄晚芳《饮茶漫话》）

唐代时大批日本僧人来华留学，回日本时带回了大量茶籽和茶文化；同一时期有阿拉伯商人通过丝绸之路来华购买茶叶、丝绸等货物，远销波斯。

宋元时期，我国对外贸易发达，与南洋诸国及高丽、日本都有船舶往来；明代郑和七下西洋，使茶叶的影响力更加扩大。

16世纪，茶叶传入葡萄牙，17世纪，荷兰人通过海上航线来到中国贩运茶叶，饮茶之风传遍欧洲。

1785年，美国商船首次来华贩运茶叶获得暴利，美国商人纷纷从事茶叶贸易，并因与东印度公司形成竞争，爆发了波士顿倾茶事件，示威者乔装成印第安人潜入商船，将东印度公司的茶叶尽数倾入波斯湾中，以此反抗茶税法，成为美国独立战争的导火索。

图 1-5　波士顿倾茶事件

课后拓展

1.如何证明中国是茶树的原产地？

2.茶叶是如何一步步传播到国际上的呢？

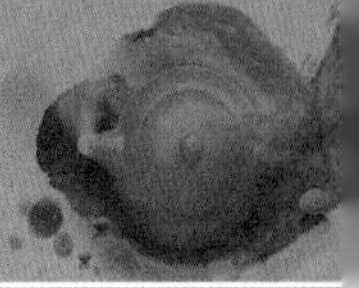

模块二　茶区分布

我国茶区分布范围很广，地处温带和亚热带，气候温和，雨量充沛，产茶省（市、区）有：海南、台湾、福建、广东、广西、浙江、安徽、湖南、江西、湖北、河南、江苏、云南、贵州、四川等。南北跨20°（N）纬度达到2100km，东西跨28°（E）经度纵横2600km，植茶区域主要集中在东经102°以东、北纬32°以南的浙、皖、川、滇、闽、台等省。因为产茶区域广，所以结合地势气候及土壤特点将产茶区划分为四大茶区。即江北茶区、江南茶区、西南茶区、华南茶区。

一、江北茶区

江北茶区位于长江中下游北岸，包括河南、陕西、甘肃、山东等省和皖北、苏北、鄂北等地，是中国最北部的茶区，为茶树生长的次适宜区。

气候：茶区年平均气温为15℃-16℃，冬季绝对最低气温一般为-10℃左右。年降水量较少，为700mm-1000mm。

土壤：多为黄壤，也有少部分棕壤，不少土壤酸碱度偏高。

适制茶叶：江北茶区种植的茶树多为灌木型中叶种和小叶种，主要适宜制作绿茶等。

名茶：六安瓜片、信阳毛尖等。

二、江南茶区

江南茶区位于中国长江中下游南部，包括浙江、湖南、江西等省和皖南、苏南、鄂南等地，为中国茶叶主产区，年产量大约占全国总产量的2/3，是茶树生长的适宜区。

气候：茶园主要分布在丘陵地带，四季分明，年平均气温为15℃-18℃，冬季气温一般在-8℃。年降水量1400mm-1600mm，春夏季雨水最多，占全年降水量的60%-80%，秋季干旱。

土壤：主要为红壤，部分为黄壤或棕壤。

适制茶叶：种植的茶树基本为灌木型中叶种和小叶种，适宜制作绿茶、花茶和乌龙茶等，生产的主要茶类有绿茶、红茶、黑茶、花茶以及品质各异的特种名茶。

名茶：西湖龙井、黄山毛峰、洞庭碧螺春、君山银针、庐山云雾等。

三、西南茶区

西南茶区位于中国西南部，包括云南、贵州、四川三省以及西藏自治区东南部等地，是中国最古老的茶区。西南茶区的地形比较复杂，多为盆地和高原，是茶树生长的适宜区。

气候：年平均气温在15.5℃以上，雨水充足，年降水量为1000mm~1200mm。

土壤：土壤类型较为复杂，云南中北部多为赤红壤、山地红壤或棕壤，而四川、贵州及西藏自治区东南部多以黄壤为主。

适制茶叶：茶树品种资源丰富，生产红茶、绿茶、沱茶、紧压茶和普洱茶等。

名茶：普洱茶、蒙顶甘露、沱茶等。

四、华南茶区

华南茶区位于中国南部，包括广东、广西、福建、台湾、海南等省（自治区），茶年生长期10个月以上，为中国茶树生长的最适宜区。

气候：华南茶区的年平均气温为19℃-20℃，最低月平均气温为7℃-14℃，年降水量是中国茶区之最，一般为1200mm-2000mm。

土壤：以砖红壤为主，部分地区也有红壤和黄壤分布，土层深厚，有机质含量丰富。

适制茶叶：有乔木、小乔木、灌木等各种类型的茶树品种，茶资源极为丰富，生产红茶、乌龙茶、花茶、白茶和六堡茶等。

名茶：铁观音、凤凰单丛、冻顶乌龙、广西六堡茶等。

课后拓展

1.请横向对比一下四个茶区的水热条件。

2.请列举一下各个茶区的代表名茶。

3.品茗自己所在茶区的名茶，厚植爱国爱家情怀。

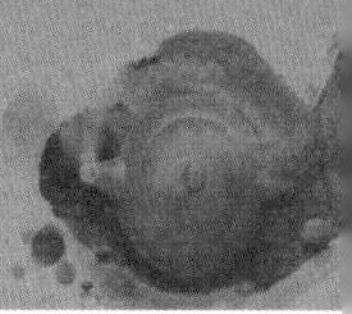

模块三　茶的分类、加工及品质

我国饮茶历史悠久，茶叶种类很多，花色名称也很复杂，历史上根据茶叶的花色、产地、外形等的不同对茶叶进行分类，但都存在一定的局限性与片面性。目前最广泛接受的分类方法是以制作工艺为基础，结合品质进行系统的分类。具体可以分为基本茶类和再加工茶类。基本茶类可以分为绿茶类、红茶类、青茶类、黄茶类、白茶类及黑茶类，再加工茶顾名思义是指在六大茶类的基础上进行再加工以后得到的产品，包括花茶、紧压茶、萃取茶、果味茶、保健茶、茶饮料等。下面将根据茶类的不同来分别介绍加工工艺及其品质特征。

一、绿茶类

绿茶是中国产量和花色品种最多的一类茶叶，其基本加工流程为“萎凋→杀青→揉捻→干燥”，根据杀青及干燥方式的不同又可分为炒青绿茶、烘青绿茶、晒青绿茶和蒸青绿茶。

1. 炒青绿茶

用锅炒干燥的绿茶统属于炒青绿茶，炒青绿茶是中国绿茶中的大宗产品，因炒制方法和造型的不同，又可分为圆炒青、长炒青以及扁炒青。

一级长炒青条索细紧显锋苗，色泽绿润，香气鲜嫩高爽，滋味鲜醇，汤色青绿明亮。

圆炒青又称珠茶，要求外形圆紧似珠，匀齐重实，色泽墨绿油润；内质香气纯

图 1-6　珠茶

图 1-7　西湖龙井

正，滋味浓厚，汤色黄绿明亮，滋味浓醇爽口，叶底嫩匀完整。

扁炒青外形要求扁平挺直、匀齐光滑；色泽绿中带黄，香气清高持久，滋味甘鲜醇厚，叶底嫩匀成朵。如西湖龙井。

2. 烘青绿茶

使用烘焙方式干燥的绿茶属于烘青绿茶，如太平猴魁、六安瓜片。烘青绿茶常用作花茶的原料。烘青绿茶要求外形条索紧结，色泽深绿光润，汤色黄绿明亮，内质香气清醇，滋味浓醇，叶底嫩匀完整。

图 1-8　太平猴魁

图 1-9　六安瓜片

3. 晒青绿茶

晒青茶，是指鲜叶经过锅炒杀青、揉捻以后，利用日光晒干的绿茶。由于太阳晒的温度较低，时间较长，较多地保留了鲜叶的天然物质，制出的茶叶滋味浓重。晒青绿茶以云南大叶种品质最好，称为“滇青”，除一部分以散茶形式销售饮用外，还有一部分晒青绿茶经过再加工压制成紧压茶后销往全国。

图 1-10　滇青

晒青绿茶条索尚紧结，色泽乌绿欠润，常有日晒气，汤色及叶底泛黄，常有红梗红叶。

4. 蒸青绿茶

蒸青绿茶是指利用蒸汽来杀青而获得的成品绿茶。蒸青绿茶是中国古代劳动人民最早发明的一种茶类，比炒青的历史更悠久。据“茶圣”陆羽《茶经》中记载，其制法为：“晴，采之。蒸之，捣之，拍之，焙之，穿之，封之，茶之干矣。”即将采来的新鲜茶叶，经蒸青或轻煮“捞青”软化后揉捻、干燥、碾压、造形而成。蒸青绿茶常有“色绿、汤绿、叶绿”的特点，俗称“三绿”。

图 1–11　恩施玉露

蒸青绿茶干茶色泽深绿，茶汤浅绿澄澈、香气较闷，滋味不及锅炒茶鲜爽，带有涩味，叶底嫩绿、嫩匀成朵。

二、红茶类

红茶可分为工夫红茶、小种红茶和红碎茶。红茶的初制加工工艺为“萎凋→揉捻→发酵→干燥”，红茶属于全发酵茶。

图 1–12　祁门红茶

1. 工夫红茶

工夫红茶是我国的特有茶类，因初制颇费功夫而得名。工夫红茶的外形条索细紧、平伏匀称、色泽乌润，内质汤色红亮、香气馥郁持久，滋味甜醇，叶底红亮。“祁红”的内质稍有不同，其香气带蜜糖香或苹果香，是工夫红茶中的珍品。

图 1–13　正山小种

2. 小种红茶

小种红茶是我国福建省的特产，因为采用松柴明火加温萎凋和干燥，所以具有独特的松烟香。

小种红茶外形条索粗壮挺直，色泽乌黑油润，内质香气高而持久，正山小种要求汤色呈糖浆状，香气似桂圆味，滋味甜醇，叶底红亮；烟小种要求带松烟香气，滋味醇和，叶底略带古铜色。

3. 红碎茶

红碎茶经过揉切，细胞破碎率高，冲泡时滋味浓强鲜爽，叶底红匀。

图 1-14　红碎茶

三、青茶类

青茶又称为乌龙茶，是我国独有的茶类品种，其初制加工工艺为“萎凋→做青→杀青→揉捻→干燥”，乌龙茶根据其产地不同可以分为闽南乌龙、闽北乌龙、台湾乌龙和广东乌龙。

图 1-15　铁观音

1. 闽南乌龙

闽南乌龙产地以安溪为中心，最具代表性的为铁观音，安溪铁观音既是茶树品种名又是茶名，因其身骨重如铁，形美似观音而得名。其品质特征外形肥状、重实，色泽砂绿翠润，香气清高，馥郁悠长，汤色金黄，滋味醇厚，醇而带爽，厚而不涩，叶底肥厚、软亮匀整。

2. 闽北乌龙

图 1-16　武夷岩茶

闽北乌龙以武夷岩茶为代表，产于武夷山的乌龙茶，通称为武夷岩茶。因产茶地点不同，又分为正岩茶、半岩茶、洲茶。正岩茶指武夷岩中心地带所产的茶叶，其品质高味醇厚，岩韵特显。半岩茶指武夷山边缘地带所产的茶叶，其岩韵略逊于正岩茶。洲茶泛指靠武夷岩两岸所产的茶叶，品质又低一等。

岩茶外形条索肥壮紧结，色泽乌褐或带墨绿。汤色橙黄、清澈明亮。香气带花、果香型，滋味醇厚滑润甘爽，带特有的“岩韵”。叶底软亮，呈绿叶红镶边，或叶缘红点泛现。

3. 台湾乌龙

产于我国台湾地区，最具代表性的一类叫作白毫乌龙，因其汤色似香槟色，故又称香槟乌龙。白毫乌龙外形优美，披满白毫，其条索紧结，枝叶连理，冲泡后具有熟果香、蜜糖香，滋味圆厚醇和，芽叶成朵。

图 1-17　白毫乌龙

4. 广东乌龙

广东乌龙茶产于粤东地区的潮安、饶平，主要产品有凤凰水仙、凤凰单丛等。

“凤凰单丛”是凤凰水仙群体中经过选育繁殖的优异单株，因采制是单株采收，单株制作，且品质优异，风味不同，故称为凤凰单丛。凤凰单丛外形条索壮直、紧结匀嫩，色泽灰褐具光泽。内质汤色金黄，香高持久，滋味浓醇鲜爽回甘，叶底肥厚软亮，呈绿叶红镶边。

图 1-18　凤凰单丛

四、黄茶类

黄茶是中国特产。其加工工艺为“杀青→闷黄→干燥”，形成了“黄叶黄汤”的品质特点，其按鲜叶老嫩、芽叶大小又分为黄芽茶、黄小茶和黄大茶。黄芽茶主要有君山银针、蒙顶黄芽和霍山黄芽；黄小茶有沩山毛尖、平阳黄汤、雅安黄茶等；黄大茶主要有广东大叶青、霍山黄大茶等。

君山银针是黄芽茶之极品，其成品茶，外形茁壮挺直，重实匀齐，银毫披露，芽身金黄光亮，内质毫香鲜嫩，被誉为“金镶玉”。汤色杏黄明净，滋味甘醇鲜爽，香气清雅。若以玻璃杯冲泡，可见芽尖冲上水面，悬空竖立，下沉时如雪花下坠，沉入杯底，状似鲜笋出土，又如刀剑林立。再冲泡再竖起，能够三起三落。

图 1-19　君山银针

黄小茶由细嫩芽叶制成，条索紧直，色泽金黄，香幽味醇。黄大茶叶大梗大，味浓耐泡。

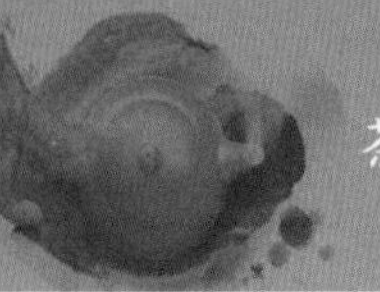

五、白茶类

白茶，属微发酵茶，是中国茶农创制的传统名茶，指一种采摘后，不经杀青或揉捻，只经过日晒或文火干燥后加工的茶。其加工工艺非常简单，“萎凋→干燥”，具有外形芽毫完整，满身披毫，毫香清鲜，汤色黄绿清澈，滋味清淡回甘的品质特点。

图 1-20　白毫银针

因鲜叶原料嫩度不同，可将白茶分为白毫银针、白牡丹、贡眉及寿眉四类。

图 1-21　安化黑茶

六、黑茶类

黑茶属于后发酵茶，黑茶制茶工艺一般包括“杀青→揉捻→渥堆→干燥”四道工序。黑茶一般原料粗老，初制过程中又有“渥堆”这一特殊步骤，因而叶色油黑，其外形条索紧卷，汤色橙黄，香味浓醇，有独特的陈香，滋味醇厚。

课后拓展

1.茶叶原料是越嫩越好吗，为什么？

2.挑选一种茶，了解它的来源、产生以及品质特征，感受茶的独特魅力。

模块四　茶的保健功能

茶有多种保健功能，能消食去腻、降火明目、生津止渴。早在《神农本草经》中，即有“茶味苦，饮之使人益思，少卧”的记载，还记载“神农尝百草，日遇七十二毒，得荼（茶）而解之”。

《唐本草》说：“茶味甘苦，微寒无毒，去痰热，消宿食，利小便。”

汉代名医张仲景说："茶治便脓血甚效。"至今，我国民间仍有用茶叶治疗痢疾和肠炎的习惯。

茶叶中含有450多种对人体有益的化学成分，如叶绿素、维生素、类脂、咖啡碱、茶多酚、脂多糖、蛋白质和氨基酸、矿物质等对人体都有很好的营养价值和药理作用。茶叶既有天然的保健作用，又有医药功能，这是茶叶天生具有的特性。

一、茶多酚：抗衰老、消炎杀菌、降血压

茶多酚是一种优良的天然抗氧化剂，具有很强的抗氧化性和生理活性，是人体自由基的清除剂。具有抗肿瘤、抗衰老和调血脂等多种药理活性；同时茶多酚是低密度脂蛋白氧化的强抑制剂，能有效地抑制LDL的氧化修饰，对动脉粥样硬化形成的影响因素有一定的抑制作用；茶多酚在体外表现为抗突变作用，能抑制啮齿类动物由致癌物引发的皮肤、肺、前胃、食道、胰腺、前列腺、十二指肠、结肠和直肠病变等。它对普通变形杆菌、金黄色葡萄球菌、表皮葡萄球菌、霍乱弧菌和口腔变链菌等许多致病菌具有不同程度的抑制和杀伤作用，从而达到消炎的目的，起到消炎杀菌作用，同时还能有效地防止耐抗生素的葡萄球菌感染，对于溶血素也具有抑制活性。

二、维生素：降血脂、明目、抗衰老

茶叶当中含有多种维生素，如维生素A、B、C、D、E等，茶叶当中维生素A原含量高于胡萝卜，可参与视黄醛的形成，增强视网膜的辨色能力；维生素A与皮肤正常角化关系密切，缺乏时则皮肤干燥，严重时影响皮脂分泌，喝茶可以及时补充维生素A。

茶叶当中富含B族维生素，对于赖皮病、消化系统疾病、眼病等疗效显著。

维生素C被称为皮肤最密切的伙伴，它可以促进氨基酸中酪氨酸和色氨酸的代谢，延长肌体寿命，是构成皮肤细胞间质的必需成分。

维生素D原，即甾醇类化合物，是一种调节脂肪代谢的重要物质，能有效抑制动脉粥样硬化。

维生素E公认有抗衰老功效，能促进皮肤血液循环和肉芽组织生长，使毛发皮肤光润，并使皱纹展平。

三、咖啡碱：兴奋提神、强心利尿

茶叶中含的咖啡碱和黄烷醇类化合物，能引起高级神经中枢的兴奋，达到解乏提神的作用，有强心、利尿的效果。

但要注意，咖啡碱摄入过多会影响睡眠，对神经衰弱及心率过快者也有不利影响，需要控制摄入量。

四、氨基酸：降血压、抗肿瘤

氨基酸是茶叶中主要的呈味成分，茶氨酸具有焦糖香和类似味精的鲜爽味，能消减咖啡碱和儿茶素引起的苦涩味，增强甜味，茶氨酸的含量已成为评价高级绿茶的重要标志之一。谷氨酸、精氨酸、天门冬氨酸、胱氨酸、L—多巴等氨基酸能单独作用治疗一些疾病，主要用于治疗肝部疾病、消化道疾病、脑病、心血管病、呼吸道疾病以及用于提高肌肉活力、儿童营养和解毒等。根据实验，茶氨酸通过调节脑中神经传达物质的浓度来起到降低血压的作用；茶氨酸还能提高多种抗肿瘤药的活性。与抗肿瘤药并用时，茶氨酸能阻止抗肿瘤药流出，增强抗肿瘤药的抗癌效果。

五、茶皂素

茶皂素具有良好的乳化、发泡、湿润等功能，并且具有消炎、镇痛、抗渗透等药理作用，可广泛应用于洗涤、毛纺、针织、医药、日用化工等行业。

课后拓展

1.了解茶的医学价值，提升科学人文素养。

2.如何利用茶的保健成分？

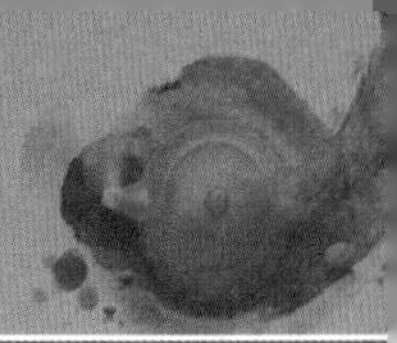

第二章 茶文化基础知识

学习目标：

1. 了解茶馆的定义，掌握茶馆的历史演变；
2. 掌握茶馆的分类及其社会功能；
3. 了解茶俗文化的发展和饮茶相关典故；
4. 掌握茶文化发展概况，体会中国茶文化精神，增强民族自豪感。

模块一　茶馆历史

中国的茶馆由来已久，据记载两晋时已有了茶馆。自古以来，品茗场所有多种称谓，茶馆的称呼多见于长江流域；两广多称为茶楼；京津多称为茶亭。此外，还有茶肆、茶坊、茶寮、茶社、茶室、茶屋等称谓。它是随着茶叶及饮茶习俗的兴盛而出现的，是一种以饮茶为中心的综合性群众活动场所，是喝茶人的聚集地，也是人们休息、消遣和交际的场所。在史料记载中，中国最早的茶馆起源于四川。

一、茶馆的萌芽

茶馆最早的雏形是茶摊，中国最早的茶摊出现于晋代，《广陵耆老传》中记载：“晋元帝时有老姥，每旦擎一器茗，往市易之，市人竞买。”也就是说，当时已有人将茶水作为商品到集市进行买卖了。不过这还属于流动摊贩，不能称为“茶馆”。此时茶摊所起的作用仅仅是为人解渴而已。

二、茶馆的兴起

唐玄宗开元年间，出现了茶馆的雏形。唐玄宗天宝末年进士封演在其《封氏闻见记》卷六“饮茶”中载：“开元中，泰山灵岩寺有降魔师，大兴禅教。学禅，务于不寐，又不夕食，皆许其饮茶。人自怀挟，到处煮饮，从此转相仿效，遂成风俗。自邹、齐、沧、棣，渐至京邑城市，多开店铺，煎茶卖之。不问道俗，投钱取饮。”这种在乡镇、集市、道边“煎茶卖之”的“店铺”，当是茶馆的雏形。

《旧唐书·王涯传》记：“（太和九年十一月）涯等苍惶步出，至永昌里茶肆，为禁兵所擒”，则唐文宗太和年间已有正式的茶馆。

大唐中期国家政治稳定，社会经济空前繁荣，加之陆羽《茶经》的问世，使得“天下益知饮茶矣”，因而茶馆不仅在产茶的江南地区迅速普及，也流传到了北方城市。此时，茶馆除予人解渴外，还兼有予人休息，供人进食的功能。

三、茶馆的兴盛

至宋代，便进入了中国茶馆的兴盛时期。张择端的名画《清明上河图》（图2–1）生动地描绘了当时繁盛的市井景象，再现了万商云集、百业兴旺的情形，其中亦有很多的茶馆。而孟元老的《东京梦华录》中的记载则更让人感受到当时茶肆的兴盛，“东十字大街，曰从行裹角，茶坊每五更点灯，博易买卖衣物图画、花环、领抹之

类，至晓即散，谓之鬼市子……旧曹门街，北山子茶坊内，有仙洞、仙桥，仕女往往夜游吃茶于彼”。

南宋小朝廷偏安江南一隅，定都临安（即今杭州），统治阶级的骄奢、享乐、安逸的生活使杭州这个产茶地的茶馆业更加兴旺发达起来，当时的杭州不仅“处处有茶坊”，且“今之茶肆，列花架，安顿奇松异桧等物于其上，装饰店面，敲打响盏歌卖”。《都城纪胜》中记载：“（茶肆）挂名人画……多有富室子弟、诸司下直等人会聚，习学乐器、上教曲赚之类，谓之挂牌儿。”

图 2-1《清明上河图》

宋时茶馆具有很多特殊的功能，如供人们喝茶聊天、品尝小吃、谈生意、做买卖，进行各种演艺活动、行业聚会等。

四、茶馆的普及

到明清之时，品茗之风更盛。社会经济的进一步发展使得市民阶层不断扩大，民丰物阜造成了市民们对各种娱乐生活的需求，而作为一种集休闲、饮食、娱乐、交易等功能于一体的多功能大众活动场所，茶馆成了人们的首选。

因此，茶馆业得到了极大的发展，形式愈益多样，茶馆功能也愈加丰富。

图 2-2　茶馆的场景

五、茶馆的衰微

近现代，中国经历了战争、贫困和一些非常时期，茶馆也就一度衰微。

六、茶馆的复兴

改革开放以后，曾经萎靡不振的中国茶馆业重新焕发了生机，不仅老茶馆、茶楼重放光彩，各种新型、新潮茶园和茶艺馆也如雨后春笋般涌现全国各地，随着茶馆产业化的发展，进入新世纪的中国茶馆更是迎来了它的春天。

相关资料显示，截至2015年，全国共有12.6万家茶馆，从业人员达到250多万人，茶馆业成为连接茶叶生产经营者和消费者的重要桥梁，茶馆业已经成为拉动我国经济发展的新增长点。中国茶馆业已经成为一个朝气蓬勃、极具生命力的新产业。近年来，茶馆业发展迅速，在北京、上海、广州、成都等地，茶馆、茶坊已成为地方文化的一种标识，各种以茶为名的饮品店更是层出不穷。据不完全统计，目前全国茶馆，以北京、上海、成都最多，品茗之风盛行的北京是茶叶消费增长最快的城市之一。

课后拓展

1.什么是茶馆？

2.说一说茶馆的发展历史，拓宽对中国传统文化知识了解的广度与深度。

模块二　茶馆文化

一、茶馆的分类

随着时代的发展以及国际化交流的不断深入，茶文化更趋于多元化、多样化。按分布区域分，主要有川派茶馆、粤派茶馆、京派茶馆、杭派茶馆四个类型；按经营内容分，一般分为清茶馆、书茶馆、棋茶馆、野茶馆、大茶馆等；按文化特征分，有传统型、艺能型、复合型、时尚型等多种类型。

（一）传统型茶馆

图 2–3　鹤鸣茶社

传统型茶馆多是一些有着悠久历史文化背景或名望的茶馆，它们继承了传统的文化特色，并利用历史优势或地域优势形成了一种富有传统文化韵味的茶楼。这类茶馆往往有着比较悠久的历史、得天独厚的自然环境，创立了自己的品牌，在社会上及大众的心目中，具有一定的影响力。比如成都人民公园的鹤鸣茶社（图2–3）。

（二）时尚型茶馆

时尚型茶馆是由茶文化与时尚文化结合产生的。这类“茶馆”一般规模不大，格调高雅，富有文化情调和文化特色。现今流行的诸如红茶坊、绿茶坊及名目繁多的时尚饮茶场所，均可列在其中。有人称之为茶坊文化，其实为茶馆文化一个组成部分。比如黄石的秀玉红茶坊（图2–4）。

图 2–4　秀玉红茶坊

（三）复合型茶馆

复合型茶馆文化，是由茶与饮食、娱乐等相结合形成的一种茶文化现象。

如餐饮店、宾馆、餐厅设茶座，将茶文化与食文化紧密地结合在一起。有专营素食、茶菜的，称为茶餐厅，杭州的茶馆多属此类（图2–5）；有清茶一杯，下棋打牌，听曲唱歌，自娱自乐的，称为茶友室；还有音乐茶座、戏曲茶座、书场茶座、影院茶座、舞厅茶座、商场茶座、书店茶座等，真是不胜枚举。

图 2–5　杭州青藤茶馆

（四）艺能型茶馆

艺能型茶馆是由茶与艺结合的一种茶文化形式。这类茶馆以艺能为上，有着丰富的欣赏情趣，妙趣横生，令人心旷神怡。命名或曰茶艺馆，或曰茶道馆，讲究品茗的技艺，注重高雅的文化氛围营造，可谓当代茶文化的典范。除了中国传统的茶艺外，日本的茶文化也讲究茶道的技巧，大多数日式茶道馆（图2–6）就是艺能型茶馆的代表。

图 2–6　日式茶道馆

二、茶馆的功能

茶馆是社会的一个窗口和缩影，它从一个侧面折射出一个国家或一个地区的地域

文化与民族文化。茶馆是随着时代的商业发展而逐渐形成和兴旺起来的，茶馆文化在促进社会主义精神文明建设过程中发挥着积极的作用，在茶文化事业中发挥了七大功能：

（一）交际功能

以茶会友，抒怀叙旧。茶馆的清净优雅为有共同爱好的友人提供了一个适宜场所。此外，茶馆还是人们进行商务谈判、沟通联谊、亲友小聚、同学切磋的社会交际场所。

（二）信息功能

茶馆是各种信息的荟萃中心，四面八方的人们来到这里，无论是知己，还是初次见面的，话匣子一打开，古今中外、天南地北任你畅谈。

在信息爆炸的时代，书斋能够提供的信息往往是有限的，而人来人往的茶馆却能给人们带来大量鲜活的信息。

因此，茶馆是被社会各界所关注的“信息源”之一。茶馆的信息功能也是社会发展不可或缺的。

（三）审美功能

人们为什么喜欢到茶馆饮茶呢？这是因为不少茶馆营造出来的文化氛围，能够满足人们“审美欣赏”的需求。

茶馆所提供的审美对象是多层面的，有自然之美、建筑之美、格调之美、香茗之美、壶具之美、茶艺之美等。

（四）展示功能

部分茶馆选择将一些字画、瓷器等艺术珍品陈列在茶厅里，供前来品饮的茶客一饱眼福。

茶馆的装饰多呈古朴风格，走进这样的茶馆，茶客们不仅能品尝茗茶、点心，还可以体验观赏艺术品带来的视觉享受，零距离接触充满文化气息的艺术茶空间。

（五）教化功能

现代茶艺馆被人们称为“茶文化事业的形象大使”，因为在茶馆里，每天都有爱茶人士光临学习，通过专业茶艺师的介绍，除了能够掌握每一种茶品的特性、冲泡和品饮方法，还可以跟茶文化造诣较高的老茶客们交流学习，吸收茶文化研究的一些新成果和文化精髓。

“饮茶讲科学，品茶讲艺术。喝茶，喝好茶，以茶养生，健康，长寿。”众多茶

馆在经营活动中贯彻这一科学的思想，在社会主义精神文明建设和物质文明建设中产生了积极影响。

人的心灵在茶馆茶事活动中得到熏陶，人的思想、品德、情感、志趣、学识和性格等方面得到净化和提升，最终体现在人的行为举止上。

（六）休闲功能

品茶要讲究茶、水、茗具和环境、心境的统一，品茶的休闲之道，是调养自身性情，提高自身素质的一种很好的途径。

择一处恬静典雅的茶馆，一边品茶，一边聆听专业茶艺师讲解有关茶的故事、来源、产地、泡制方法、口味差别等知识，随之渐入佳境。人们可以通过一次简单的茶馆饮茶体验，放松紧张、疲惫的身心，可谓偷得浮生半日闲。

图 2-7　茶与食品

（七）餐饮功能

俗话说：开门七件事，柴米油盐酱醋茶。可见茶在人们心目中的地位。茶馆不仅能为人们提供品茗的文化氛围，而且也能提供各种精美的茶食、茶点、茶肴，既可满足人们的口福，又可使人精神饱满。茶馆把饮食文化与茶文化有机结合在一起，是种两全其美的经营方式。

茶馆在茶文化事业中的地位和作用是不可忽视的。随着新世纪茶文化的不断发展和普及，茶馆文化和茶馆的社会功能必将在社会主义精神文明和社会生产力发展方面起到积极的促进作用。

知识链接 1：鹤鸣茶社

在成都人民公园内有一个享有盛名的老茶馆——鹤鸣茶社。它是成都最老的传统茶馆之一，迄今已近百年，作为2012年成都首批历史建筑挂牌保护对象之一，鹤鸣茶社的每一处川西风格建筑都让人感受着传统老成都的味道。

川人饮盖碗茶一般有五道程序：一是净具，二是置茶，三是沏茶，四是闻香，五是品饮。使用茶盖有特殊的讲究：茶盖朝下靠茶船是招呼堂倌添水；茶盖上放个小东西如树叶、火柴、小石头等表示我只是暂时离开，莫收盖碗，这一般是老茶客的动

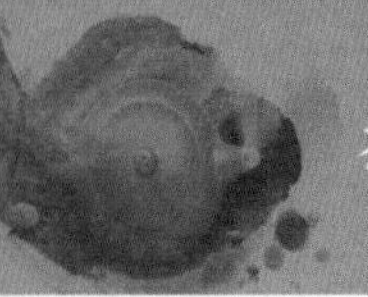

作；茶盖朝外斜靠茶船——外地人求助时会这样放；茶盖立起放茶碗旁，老茶客要赊账，茶馆老板一般不会点破，会给客人留面子；茶盖朝上放进茶碗是通知茶馆老板，可以收茶碗了。

知识链接2：秀玉红茶坊

秀玉红茶坊隶属于武汉虹格堡休闲产业发展有限公司，由叶超先生和邓秀玉女士于1995年创立于黄石。创业之初，邓秀玉女士便对秀玉红茶坊这一以她名字命名的品牌注入了全部心血，使之成为黄石同行业的标杆，更是黄石人民心目中好环境、好品位、好服务的代名词。

秀玉红茶坊一直以来都以“健康、精品、时尚”为发展的方向，这也是当今休闲产业发展的方向。从1998年开始，秀玉便大胆走出黄石，走上了全国连锁经营的创新之路。到目前为止，武汉虹格堡休闲产业发展有限公司旗下拥有“秀玉红茶坊”“沙发吧”“凰庭餐坊”三大品牌数十家连锁店，旨在创造一个以武汉为中心的全国连锁的百年品牌。

知识链接3：老舍茶馆

老舍茶馆是以人民艺术家老舍先生及其名剧命名的茶馆，始建于1988年，现有营业面积2600多平方米，是集书茶馆、餐茶馆、茶艺馆于一体的多功能综合性大茶馆。

在这古香古色、京味十足的环境里，您每天都可以欣赏到一台汇聚京剧、杂技、魔术、变脸等优秀民族艺术的精彩演出，同时可以品用各类名茶、宫廷细点、北京传统风味小吃和京味佳肴茶宴。自开业以来，老舍茶馆接待了47位外国元首、众多社会名流和200多万中外游客，成为展示民族文化精品的特色“窗口”和连接国内外友谊的“桥梁”。

图2-8　老舍茶馆

课后拓展

1.党的二十大报告强调，要“讲好中国故事”：请查阅并介绍一个知名茶馆与茶的故事，增强中华文明传播力影响力。

2.如果要经营一个茶馆，你会从哪几个方面着手准备？

模块三　茶俗文化

中国是茶叶的故乡，种茶、制茶、饮茶有着悠久的历史。中国是一个多民族的国家，在各民族长期形成的生活习惯中，也包括特殊的饮茶习俗。各民族有其不同的茶品，如藏族的酥油茶、土家族的擂茶、白族的三道茶、侗族的打油茶、蒙古族的奶茶、潮州的工夫茶等等，有几十种之多，各地方、民族逐渐形成了各自的泡茶艺术。中国是一个幅员辽阔的国家，生活在这个大家庭中的各地人民有着各种不同的饮茶习俗，正所谓“历史久远茶故乡，绚丽多姿茶文化”。

一、民族茶俗

（一）西藏酥油茶

酥油茶是藏族的一种饮料，用酥油和浓茶加工而成，多作为主食与糌粑一起食用。制作酥油茶时，先将茶叶或砖茶用水久熬成浓汁，再把茶水倒入“董莫”（酥油茶桶），再放入酥油和食盐，用力将“甲洛”上下来回抽几十下，搅得油茶交融，然后倒进锅里加热，便成了喷香可口的酥油茶。

图 2-9　西藏酥油茶

（二）土家族擂茶

擂茶发源于中国沿海地区，又名三生汤，是一种特色食品。主要流传于益阳、安化、桃江、常德等地，起源于汉，盛于明清。擂茶一般都用大米、花生、芝麻、绿豆、食盐、茶叶、山苍子、生姜等为原料，用擂钵捣烂成糊状，冲开水和匀，加上炒

图 2-10　土家族擂茶

米，清香可口。

做擂茶时，擂者坐下，双腿夹住一个陶制的擂钵，抓一把绿茶放入钵内，握一根半米长的擂棍，频频舂捣、旋转。边擂边不断地往擂钵内添芝麻、花生仁、草药，待钵中的东西捣成碎泥，茶便擂好了。然后，用一把捞瓢筛滤擂过的茶，投入铜壶，加水煮沸，一时满堂飘香。品擂茶，其味格外浓郁、绵长。据说擂茶有解毒的功效，既可作食用，又可作药用；既可解渴，又可充饥。又一说，擂茶源于中原，盛于长江中下游。

（三）蒙古族奶茶

奶茶，蒙古语叫“乌古台措”。这种奶茶是在煮好的红茶中，加入鲜奶制成，可以放糖，也可以放盐。

蒙古族最有特色的就是他们的咸奶茶，沏奶茶的方法非常独特，多用青砖茶或黑砖茶，先把砖茶打碎，并将洗净的铁锅置于火上，盛水2–3公斤，烧水至刚沸腾时，加入打碎的砖茶25克左右。当水再次沸腾，5分钟后，掺入奶，用量为水的1／5左右。稍加搅动，再加入适量盐。等到整锅咸奶茶开始沸腾时，便煮好了，即可盛在碗中待饮。煮咸奶茶的技术性很强，茶汤滋味的好坏，营养成分的多少，与用茶、加水、掺奶，以及加料次序的先后都有很大的关系。如茶叶放迟了，或者加茶和奶的次序颠倒了，茶味就会出不来，而煮茶时间过长，又会丧失茶香味。蒙古族同胞认为，只有器、茶、奶、盐、温五者互相协调，才能制成咸香诱人、美味可口的咸奶茶。为此，蒙古族妇女都练就了一手煮咸奶茶的好手艺。蒙古族人喜欢喝热茶，早上，他们一边喝茶，一边吃炒

图 2-11　蒙古族奶茶

图 2-12　白族三道茶

米，将剩余的茶放在微火上暖着，供随时取饮。

（四）白族三道茶

三道茶是大理白族招待贵宾的一种独特的饮茶方式。相传原为古代南诏王用来招待贵客的一种饮茶礼，后流传到民间延续至今。

三道茶的特色是一苦、二甜、三回味。其制作方法是，先将优质绿茶放入砂罐，用火焙烤，待茶烤黄烤香即冲入少许沸水，待泡沫消后用火煨片刻，当茶水呈琥珀色时，倒入茶盅后饮用，此第一道茶叫头道苦茶；然后在砂罐里再注入沸水，加上白糖、乳扇、桂皮等，煮后饮用，称为二道甜茶；第三道茶要在茶水中放入烘香的乳扇和红糖、蜂蜜、桂皮、米花、花椒等，称为三道回味绵。

（五）侗族打油茶

将煮好的糯米饭晒干，用油爆成米花，再将一把米放进锅里干炒，然后放入茶叶再炒一下，并加入适量的水，开锅后将茶叶滤出放好。喝油茶时，将事先准备好的米花、炒花生、猪肝、粉肠等放入碗中，将滤好的茶斟入杯中，就是美味的油茶了。

图 2–13　侗族打油茶

（六）基诺族凉拌茶

基诺族的凉拌茶是一种古老原始的利用茶的方法，是基诺族最具特色的茶文化遗产之一。世居基诺山的基诺族祖先在远古时期就发现了茶的价值，创造了独具特色、丰富精彩的茶史与茶文化。凉拌茶的做法：采下鲜嫩的茶叶，洗净双手揉搓至碎，放入碗内，加入柠檬叶、大蒜、山八角、辣椒、食盐等调味料，放入相应的各种或荤或素的配料，加入适量生水或凉开水拌匀后，即可食用。

图 2–14　基诺族凉拌茶

二、地方茶俗

（一）北京大碗茶

大碗茶这种饮茶习俗在我国北方最为流行，尤其早年北京的大碗茶，更是闻名遐迩，如今中外闻名的北京大碗茶商场，就是由此命名的。大

图 2–15　北京大碗茶

碗茶多用大壶冲泡，或大桶装茶，大碗畅饮，热气腾腾，提神解渴。这种清茶一碗，随便饮用，无须做作的喝茶方式，虽然比较粗犷，颇有“野味”，但它随意，不用楼、堂、馆、所，摆设也很简便，一张桌子，几张条木凳，若干只粗瓷大碗便可，因此，它常以茶摊或茶亭的形式出现，主要为过往客人解渴小憩。茶为消费主体，可供吃的大多是瓜子、花生一类，干果为多，少量的点心点缀。

茶客以饮晚茶者为多，晚餐之后，酒足饭饱，来到茶馆或茶艺馆，清茶一盏，抽抽烟，谈谈天，或以棋牌为乐，至午夜方才散去。大碗茶由于贴近社会、贴近生活、贴近百姓，受到人们的称道。即便是生活条件不断得到改善和提高的今天，大碗茶仍然不失为一种重要的饮茶方式。

（二）广州早茶

图 2-16　广州早茶

广州人嗜好饮茶，把饮早茶称为“叹茶”（即享受茶水之意）。至今仍流传着“叹一盅两件”（即享受一盅香茶、两件点心之意）的口头禅。上班之前，进茶楼占一席位，由服务员用精美别致的茶具沏上一壶好茶，再点几种美味可口的点心，一边品饮香茗，一边吃点心。早茶之后，精力充沛地上班迎接一天的工作。茶楼所备的茶叶品种甚多，有红茶、绿茶、乌龙茶，也有花茶、六堡茶等。点心也是各式名点齐备，如叉烧包、水晶包、小笼肉包、虾仁小笼、蟹粉小笼、虾饺和各种酥饼，以及鸡粥、牛肉粥、鱼片粥和云吞等。真可谓香茗配名点，相得益彰。

广州的茶市分为早茶、午茶和晚茶。早茶通常清晨4时开市，晚茶要到次日凌晨1-2时收市，有的通宵营业。一般来说，早茶市最兴隆，从清晨至上午11时，往往座无虚席，特别是节假日，不少茶楼要排队候位。饮晚茶也渐有兴盛之势，尤其在夏天，茶楼成为人们消夏的首选去处。

（三）徽州“吃三茶”

安徽的徽州是指如今的绩溪、休宁、祁门、黄山一带。这里自古就是茶乡，出产的黄山毛峰、祁门红茶、太平猴魁等茶叶闻名于世。基于茶乡的陶冶，徽州人自古就嗜好饮

图 2-17　徽州“吃三茶”

茶，而且形成了一些饮茶风俗。徽州人喜欢饮茶，当地流传的“吃三茶”具有两种含义：一是每天早、午、晚三次必须饮茶；二是接待贵客的“吃三茶”。

“吃三茶”是指枣栗茶、鸡蛋茶和清茶。徽州人受传统影响较深，待人接物很讲究礼节。即使是平日有客人来，第一件事就是给客人敬茶，如果是贵客造访，就要上三种茶。第一道是枣栗茶，这种茶不是用枣和板栗泡的茶，而是就着蜜枣和糖炒板栗吃茶；第二道是鸡蛋茶，就是用五香煮鸡蛋佐茶；第三道是清茶，这种“吃三茶”不仅款待贵客时饮用，就是全家人过春节或春节期间亲戚来家拜年时也吃。“吃三茶”不同于待客的就餐和饮茶解渴，吃的时候重在品茶，要在很闲适的环境里优哉游哉地品茶。如今人们生活节奏快，没有过多的时间和精力品茶，因而传统的“吃三茶”也只有在部分老年人中流行。

（四）河州“刮碗子”

我们说的河州，就是今天的甘肃临夏回族自治州。它地处古代的丝绸之路、唐蕃古道和甘川古道的交会处，在古代属于四通八达的交通枢纽，是个物资集散地，也是一个茶叶的集散地。河州人将饮茶称作“刮碗子”，有句民谣说：“宁丢千军万马，碗子不能不刮。”可见饮茶已经成为河州人的特殊嗜好。他们之所以将饮茶称作“刮碗子”，就是指饮茶时不断地用碗盖儿刮茶叶，使得碗里的茶叶不停地翻滚，得以充分地浸泡，反复嗅闻茶的醇香。同时也防止茶叶喝到嘴里。

图 2-18　河州“刮碗子”

让人奇怪的是，河州并不产茶，却每天都离不开茶。在他们的生活中，走亲访友，带点茶叶是最体面的礼物。饮茶人群很广泛，不仅是家庭富裕的人饮茶，就是一些被称作“脚户哥”的马驮子脚夫也喜欢饮茶。

（五）四川盖碗茶

盖碗茶盛于清代，如今，在四川成都、云南昆明等地，已成为当地茶楼、茶馆等饮茶场所的一种传统饮茶方法，一般家庭待客，也常用此法饮茶。四川的盖碗茶用茶多为茉莉花茶、龙井、碧螺春等，而茶具则选用北京讲究的盖碗。此茶具茶碗、茶船、茶盖三位一体，各自有其独特的功能。茶船即碗的茶碟，以茶船托杯，既不会烫

图 2-19　四川盖碗茶

坏桌面，又便于端茶。茶盖有利于尽快泡出茶香，又可以刮去浮沫，便于看茶、闻茶、喝茶。饮盖碗茶一般说来，有五道程序：一是净具，用温水将茶碗、碗盖、碗托清洗干净；二是置茶，用盖碗饮茶，择取的都是珍品茶，常见的有花茶、沱茶等；三是沏茶，一般用初沸开水冲茶，冲水至茶碗口沿时，盖好碗盖，以待品饮；四是闻香，泡5分钟左右，茶汁浸润茶汤时，则用右手提起茶托，左手掀盖，随即闻香舒腑；五是品饮，用左手握住碗托，石手提碗抵盖，倾碗将茶汤徐徐送入口中，品味润喉，提神消烦，真是别有一番雅趣。

四川人喜欢“摆龙门阵”，在熙来攘往的茶馆之中，一边品饮四川的盖碗茶，一边海阔天空，谈笑风生，同时佐以茶点小吃和曲艺表演，实为人生至乐。

（六）潮州工夫茶

在潮州，不论嘉会盛宴，还是闲处逸居，乃至豆棚瓜下，公园一角，人们随处都可以看到一幅幅提壶擎杯，长斟短酌，充满安逸情趣的风俗图画。潮州人饮茶量为全国之最。自宋代以来，特别是明代中叶，饮茶之风已遍及潮州。潮州人家家都有三定：茶壶、茶杯、木炭炉，茶壶一般为紫砂陶壶，形状小巧古朴，本身就是件具有欣赏价值的艺术品，而且壶中的茶渍越厚也越珍贵。

潮州工夫茶实际上是一种讲究茶叶、水质、火候及冲泡技法的茶艺。潮州人饮茶多选凤凰单丛、白叶单枞、凤凰八仙、黄枝香、芝兰香以及乌龙茶、铁观音等。工夫茶的具体做法是将“缸心水”（即沉淀过的水）倒入小砂锅或铜壶里，烧开后先烫壶、盏，使壶盏都有一定的温热，再往壶中放满茶叶，用烧开的水在茶壶

图 2-20　潮州工夫茶

上方约2厘米的高处，对准茶壶口直冲下去，这个动作叫“高冲”，它可以使壶里的每片茶叶都能在滚水里翻动，充分受热，较快把茶叶里掺和的杂质冲击上水面并溢出壶外，同时又能较快地把茶叶中的有效成分溶解开来。然后用茶壶嘴贴着盏面斟茶，这样可以避免发出响声，也不使茶汤泛起泡沫，此为“低斟”。斟茶时，不能斟满了一盏再斟另一盏，而是按盏数多少轮番转着斟，此为“关公巡城”，每壶茶都要倒尽，直至滴完为止。饮完一轮后，要用滚水烫杯净盏，方可饮下一轮。工夫茶浓度高，茶汤特酽，刚喝进嘴里有苦味，但马上就会感到芳香盈咽，茶味经久不散。

在外地人看来，要品一杯工夫茶程式烦琐，但潮州人却乐此不疲。工夫茶还有“大工夫、小工夫”之别。在考究了茶叶、水质、茶具之后，就是冲泡（烹法）及品尝的模式。虽然普通人喝工夫茶，从治器、纳茶、候汤、冲点、刮沫、淋罐、烫杯、洒茶到品尝，都有一套考究的程式，但这仅是“小工夫”。大工夫是指那些“老茶客”，除讲究“高冲低洒、刮沫淋盖、关公巡城、韩信点兵”等一整套冲泡手艺之外，还需经过再三礼让，端起杯来，一闻其香，二观其色，三再慢斟细呷。让其色、味、香经喉入脑，有提神醒脑的功效，有时仔细啜呷还能品尝出人生先苦后甘之况味来。

课后拓展

找一找自己当地特色的饮茶习俗，弘扬中华美德，传承中华优秀传统文化，感受茶文化的和谐美妙。

模块四　饮茶典故

中国人制茶、饮茶已有几千年的历史，中华茶文化发展至今，在世界上享有盛誉。读史明智，鉴往知来。茶文化是中国传统文化中浓墨重彩的一笔，在源远流长的历史中，也留下不少关于茶的典故被后代广为流传，历史故事，耐人寻味。

一、茶的鼻祖——神农氏

神农氏，也称炎帝，我国传说中的农业和医药的发明者。他大约生活在公元前

图 2-21　神农氏

2737年，传说在那蛮荒的年代，到处都生长着千奇百怪的植物，究竟哪些可以吃呢？人们不得其解，于是神农氏就亲尝百草，准备选出一些能结子的植物，让先民们种植。有一天，他尝了几种植物，这些植物含有“七十二毒”，搅得他口干舌燥，五脏如焚，十分难受。正当神农氏无计可施之时，忽然一阵清风吹来几片绿叶飘落在他跟前，他习惯性地捡起来就送入口中咀嚼，其汁液苦涩，气味却芬芳爽口，就将这几片绿叶嚼碎咽了下去。霎时间，他觉得肚子里的东西上下翻滚，好像在搜查什么，又过了一会儿，肚里风平浪静，舒服多了。神农氏此时才意识到是刚才吃的绿叶具有解毒的功效。

神农氏联想到刚吃进这种绿叶时，它好像在肚里搜查什么，那就叫它“查”吧！当时我国还没有文字，就以“查”的称呼传了下来。后来有了文字之后，就根据它开白花，有苦味，写成“荼”。陆羽在《茶经》“茶之事”章，辑录了中唐以前对茶的称谓，诸如荼、苦荼、荼茗、茗等30多种。可见，“荼”是中唐以前对茶的最主要称谓。自唐后期才称之为“茶”了。

二、陆羽与《茶经》

陆羽（733—804），字鸿渐，一名疾，字季疵，号竟陵子，桑苎翁，东冈子。唐复州竟陵（今湖北天门）人。陆羽一生嗜茶，精于茶道，以著世界第一部茶叶专著《茶经》而闻名于世，被后人誉为“茶圣”，奉为“茶仙”，祀为“茶神”。

图 2-22　茶圣陆羽

陆羽一生富有传奇色彩。他原是个被遗弃的孤儿，3岁的时候，被竟陵龙盖寺住持智积禅师在当地西湖之滨拾得。智积禅师以《易》占卦辞给他起名，“鸿渐于陆，其羽可用为仪”，定姓为“陆”，取名为“羽”，以“鸿渐”为字。在龙盖寺，他不但学得了识字，还因积公好茶，所以很小便学会了烹茶事务。但

晨钟暮鼓对一个孩子来说毕竟过于枯燥，况且他自幼志不在佛，不愿皈依佛法，削发为僧，而有志于儒学研究。12岁那年，他逃出龙盖寺到了一个戏班子里学演戏，做了优伶。竟陵太守李齐物在一次州人聚饮中，看到了陆羽出众的表演，十分欣赏他的才华和抱负，当即赠以诗书，并修书推荐他到隐居于火门山的邹夫子那里读书，研习儒学。21岁的陆羽，开始了考察游历，每到一处，他都与当地村叟讨论茶事，详细记录，还制成大量茶叶标本，随船带回竟陵。

图 2-23　《茶经》

陆羽最后隐居苕溪，从事对茶的研究著述。他历时5年，以实地考察茶叶产地32州所获资料和多年研究所得，写成世界上第一部关于茶的研究著作——《茶经》的初稿。以后又经增补修订，于5年后正式出版，时年已47岁。历时26年完成这部巨作。这是我国第一部茶学专著，也是中国第一部茶文化专著。

三、茶学家——蔡襄

蔡襄（1012—1067），字君谟，兴化仙游（今福建仙游）人。人称蔡端明，卒后谥忠惠。蔡襄是宋代茶史上一个重要的人物，他精于品茗、鉴茶，称得上是古代的茶学家。蔡襄的《茶录》，其文虽不长，但自成系统，对制茶用具和烹茶用具的选择，均有独到的见解。《茶录》最早记述制作小龙团掺入香料的情况，提出了品评茶叶色、香、味的内容，介绍了品饮茶叶的方法。《茶录》是一部重要的茶艺专著，是继唐代陆羽《茶经》之后最有影响的茶书。

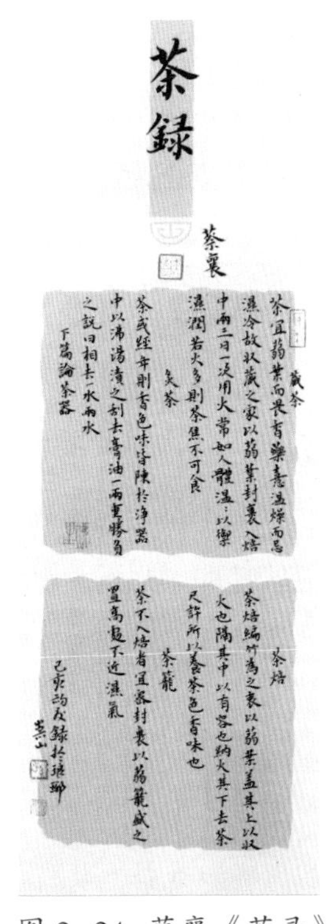
茶録
蔡襄

藏茶
茶宜蒻葉而畏香藥喜溫燥而忌
濕冷故收藏之家以蒻葉封裹入焙
中兩三日一次用火常如人體溫溫以禦
濕潤若火多則茶焦不可食
炙茶
茶或經年則香色味皆陳於淨器
中以沸湯漬之刮去膏油一兩重勝負
之說曰相去一水兩水
下篇論茶器

茶焙
茶焙編竹為之裹以蒻葉蓋其上以收
火也隔其中以有容也納火其下去茶
尺許所以養茶色香味也
茶籠
茶不入焙者宜密封裹以蒻籠盛之
置高處不近濕氣

錄於琅琊

图 2-24　蔡襄《茶录》

蔡襄善制茶，也精于品茶，具有高于常人的评茶经验。宋人彭乘撰写的《墨客挥犀》记载：一日，有位叫蔡叶丞的邀请蔡襄共品小龙团。两人坐了一会儿后，忽然来了位不速之客。侍童端上小龙团茶款待两位客人，哪知蔡襄啜了一口便说道：“不对，这茶里不只有小龙团，一定有大龙团掺杂在里面。”蔡叶丞闻言吃了一惊，急忙唤侍童来问。侍童也没隐瞒，直接道明了原委。原来侍童原本只准备了自家主人和蔡襄的两份小龙团茶，现在突然又来了位客人，再准备就来不及了，这侍童见有现成的大龙团茶，便来了个“乾坤混一”。蔡襄的这种精明使蔡叶丞佩服不已，另一方面也说明他对大、小龙团茶的特性早已“吃透”。唯其吃透，方能研造出更精于大龙团的小龙团来。

四、乾隆“不可一日无茶”

乾隆皇帝（1711—1799）是清代在位时间最长的一个皇帝。在他84岁准备将皇位禅让给皇子时，有位老臣以“国不可一日无君”为由，奏本挽留他继续执政。此时乾隆正端起茶杯，呷了一口茶说：“君不可一日无茶也！”一句话说得大臣们无言以对。第二年就将皇位让给十五子琰（嘉庆）。面对乾隆的幽默回答，大臣们之所以无言以对，主要是大臣们都知道乾隆是位嗜茶如命的皇帝。

图 2-25　乾隆皇帝

乾隆皇帝自幼爱饮茶，在十几岁时学会了焚竹烧水，烹茗泡茶的方法，这对于一个四体不勤的皇太子来说是极为难能可贵的，可见乾隆对饮茶的重视了。他登基后根据他的饮茶体验，将梅花、佛手和松仁，用雪水烹煎，配制了一种“三清茶”。其含义是为官要像梅花那样品格芳洁，像佛手那样清正无邪，像松树那样不畏风霜，这种“三清茶”寄寓着乾隆对自己和对臣僚的勉励和希望。

传说如今还在某些场合使用的叩指礼，就是源于当年乾隆下江南巡察时的逸闻。他和侍从太监来到苏州，由于天太热，走得口渴难忍，乾隆见到一家茶馆就径直走了进去，行为随便的乾隆率先落座，拿起茶壶就斟茶，给自己斟完就给侍从太监斟。侍从太监不敢下跪施礼，怕暴露了皇上的身份，于是就将右手中指和食指弯曲，面对乾隆轻轻地叩了几下，表示下跪礼，向皇上谢恩。乾隆见侍从太监非常聪明，很是高兴，也点头称许。事后这件事从皇宫传了出来，就成了民间表示致谢的一种茶酒礼节。

课后拓展

查找资料，收集饮茶典故，内外兼修，增强人文素养。

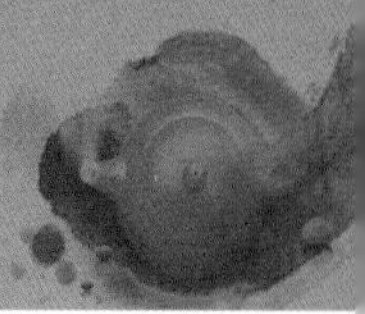

模块五　茶文化发展

中国的饮茶文化，至今已有5000多年的历史了。直到现在，中国各族同胞还有以茶代礼的风俗。茶文化的发展历程大体经过了发乎神农氏，闻于鲁周公，秦汉魏晋南北朝萌芽，兴于唐而盛于宋，以及明清普及这样一个过程。

一、隋唐茶文化

隋朝时期中国茶文化初具雏形，公元780年，陆羽所著《茶经》，是隋、唐茶文化的代表性著作。《茶经》概括了茶的自然和人文科学双重内容，探讨了饮茶艺术，把儒、道、佛三教融入饮茶中，首创中国茶道精神。而后又出现大量茶书、茶诗，有《茶述》《煎茶水记》《采茶记》《十六汤品》等。唐代茶文化的形成与禅学的兴起有关，因茶有提神益思，生津止渴功能，故寺庙崇尚饮茶，在寺院周围植茶树，制定茶礼、设茶堂、选茶头，专呈茶事活动。唐代形成的中国茶道分宫廷茶道、寺院茶礼、文人茶道。

图 2–26　《萧翼赚兰亭图》局部

二、宋代茶文化

宋代茶业兴起，推动了茶文化的发展，在文人中出现了专业品茶社团，有官员组成的“汤社”、佛教徒的“千人社”等。宋太祖赵匡胤是位嗜茶之士，在宫庭中设立茶事机关，宫廷用茶已分等级。茶仪已成礼制，赐茶已成皇帝笼络大臣、眷怀亲族的重要手段，还赐给国外使节。至于下层社会，茶文化更是生机勃勃，有人迁徙，邻里要“献茶”，有客来，要敬“元宝茶”，定婚时要“下茶”，结婚时要“定茶”，同房时要“合茶”。民间斗茶风起，带来了采制烹点的一系列变化。

图 2–27　《文会图》局部

三、元代茶文化

图 2-28 《备茶图》局部

自元代以后，茶文化进入了曲折发展期。宋人拓展了茶文化的社会层面和文化形式，茶事十分兴旺，但茶艺走向繁复、琐碎、奢侈，失去了唐代茶文化深刻的思想内涵，过于精细的茶艺淹没了茶文化的精神，失去了其高洁深邃的本质。在朝廷、贵族、文人那里，喝茶成了“喝礼”“喝气派”“玩茶”。

元代，一方面，北方少数民族虽喜欢茶，但主要是出于生活、生理上的需要，文化上对品茶煮茗之事兴趣不大；另一方面，汉族士人面对故国破碎，异族压迫，也无心再以茶事表现自己的风流倜傥，而希望通过饮茶表现自己的情操，磨砺自己的意志。这两股不同的思想潮流，在茶文化中契合后，促进了茶艺向简约、返璞归真方向发展。明代中叶以前，汉人有感于前代民族兴亡，一开国便国事艰难，于是仍怀砺节之志。茶文化仍承元代之势，表现为茶艺简约化，茶文化与自然契合，以茶表现自己的苦节。

四、明清茶文化

图 2-29 《茶谱》局部

此时已出现蒸青、炒青、烘青等各种茶类，茶的饮用改成“撮泡法”，明代不少文人雅士留有相关的传世画作，如唐伯虎的《烹茶画卷》《品茶图》，文征明的《惠山茶会记》《陆羽烹茶图》《品茶图》等。茶类的增多，泡茶的技艺有别，茶具的款式、质地、花纹千姿百态。到清朝茶叶出口已成一种正式行业，茶书、茶事、茶诗不计其数。

五、现代茶文化

新中国成立后，中国茶叶从1949的年产7500吨发展到1998年的60余万吨。茶物质财富的大量增加为中国茶文化的发展提供了坚实的基础，1982年，在杭州成立了第

图 2-30 现代茶空间

一个以宏扬茶文化为宗旨的社会团体——“茶人之家”，1983年湖北成立“陆羽茶文化研究会”，1990年“中国茶人联谊会”在北京成立，1993年“中国国际茶文化研究会”在湖州成立，1991年中国茶叶博物馆在杭州西湖区正式开放，1998年中国国际和平茶文化交流馆建成。随着茶文化的兴起，各地茶艺馆越办越多。国际茶文化研讨会已开到第五届，各省各市及主产茶县纷纷主办“茶叶节”，如福建武夷市的岩茶节、云南的普洱茶节，浙江新昌、泰顺、湖北英山、河南信阳的茶叶节不一而足。都以茶为载体，促进经济贸易的全面发展。

六、茶文化中茶的功效

图 2-31 饮茶文化

茶有健身、治疾之药物疗效，又富欣赏情趣，可陶冶情操。以茶待客是中国人高雅的娱乐和社交活动，坐茶馆、茶话会则是中国人社会性群体茶艺活动。中华茶艺在世界享有盛誉，在唐代就传入日本，形成日本茶道。

饮茶始于中国。茶叶冲以煮沸的清水，顺乎自然，清饮雅尝，寻求茶的固有之味，重在意境，这是中式品茶的特点。同样质量的茶叶，如用水不同、茶具不同或冲泡技术不一，泡出的茶汤会有不同的效果。中国人自古以来就十分讲究茶的冲泡，积累了丰富的经验。泡好茶，要了解各类茶叶的特点，掌握科学的冲泡技术，使茶叶的固有品质能充分地表现出来。

课后拓展

向身边朋友介绍茶文化发展概况，推动中国传统优秀茶文化的传播。

第三章 茶艺术修养

学习目标：

1. 了解我国茶文化的发展历史，感受独具魅力的中国茶文化；
2. 学会赏析历代茶艺术精品佳作，陶冶情操，增强民族文化自信；
3. 明确茶道花艺的造型特点，掌握茶道插花步骤及注意事项，领悟茶道花艺的人生哲学。

模块一　茶与诗词

在我国古代和现代文学中，涉及茶的诗词歌赋和散文比比皆是，可谓数量巨大、质量上乘，这些作品已成为我国文学宝库中的珍贵财富。

一、茶与诗词的演变历史

（一）南北朝孕育期

首先是先秦两汉时期，在这个时期茶也叫“茶”，这一时期可以说是茶诗创作的酝酿和萌芽阶段；其次是魏晋南北朝时期，这个时期不仅饮茶之风兴起，而且人们还认识到了茶的药用功效，特别是南方的文人们，因此茶诗就在这样的环境下开始慢慢地产生了。西晋左思的《娇女》诗是中国最早的茶诗，“心为茶荈剧，吹嘘对鼎鬲”。首位赞美茶的是晋代诗人杜育，其《荈赋》以饱满的热情歌颂了祖国山区孕育的奇产——茶叶。因此，这个时期可以说是茶诗的初步发展时期。

图 3-1　杜育《茶赋》

（二）隋唐五代繁荣期

唐代为我国诗歌的极盛时期，随着茶叶生产与贸易的发展，涌现了大批以茶为题材的诗篇。这个时期，茶文化开始走向繁荣，并出现了我国茶文化史上的第一个高潮，可以说“茶兴于唐”“茶盛于唐”。这一时期，茶诗不仅开始大量出现，其题材

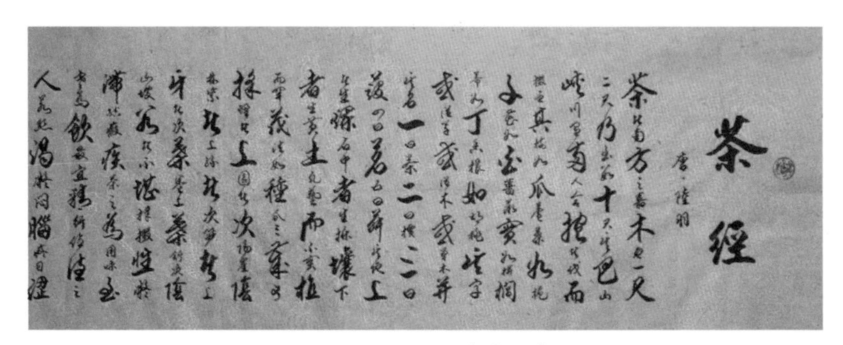

图 3-2　陆羽《茶经》

也非常丰富：有记载名茶的，有说明茶叶生产的，有吟咏茶具的……而茶诗体裁也是多种多样，如绝句、宝塔诗等，各种形式层出不穷。因此，这个时期是茶诗的繁荣发展期。陆羽《茶经》问世，使得唐代饮茶之风更炽，茶与诗词，两相推波助澜，咏茶诗大批涌现，出现大批好诗名句，这些诗，都显示了唐代茶诗的兴盛与繁荣。

（三）两宋巅峰期

茶诗发展到北宋，开始达到第二个高峰。因为宋代文人的文化性格较唐代有所不同，他们喜欢描述清幽的意境，喜欢理性内省的风格，比较注重细节，喜欢参禅问道，而茶的品性正好契合了他们的这些心理需求，所以宋代文人饮茶之风比前代更甚，茶诗发展到北宋空前繁荣。南宋因为苟安江南，所以茶诗、茶词中出现了不少忧国忧民、伤事感怀的内容，最有代表性的是陆游和杨万里的咏茶诗。陆游在他的《晚秋杂兴十二首》诗中谈到："置酒何由办咄嗟，清言深愧淡生涯；聊将横浦红丝碨，自作蒙山紫笋茶。"反映了作者晚年生活清贫，无钱置酒，只得以茶代酒，自己亲自碨茶的情景。

据不完全统计，宋代茶诗作者有260余人，现存茶诗逾1200篇。

（四）元明清延续期

元代的茶诗以反映饮茶的意境和感受的居多。元末明初高启的《采茶词》描写了山家以茶为业，佳品先呈太守，其余产品与商人换衣食，终年劳动难得自己品尝的情景。明代的咏茶诗比元代更多，有不少反映人民疾苦、讥讽时政的咏茶诗，表现了诗人对人民生活极大的同情与关怀。清代诗人如郑燮、金田、陈章、曹廷栋、张日熙等的咏茶诗，亦为著名诗篇。特别值得提出的是清代爱新觉罗·弘历，即乾隆皇帝，他六下江南，曾五次为杭州西湖龙井茶作诗，其中最为后人传诵的是《观采茶作歌》，皇帝写茶诗，这在中国茶文化史上是少见的。

图 3-3　苏轼《试院煎茶》

（五）现代茶诗

现代咏茶诗篇也是很多的，如郭沫若的《赞高桥银峰茶》，陈毅的《梅家坞即兴》，以及赵朴初、启功、爱新觉罗·溥杰的相关作品等，都是值得一读的好茶诗。我国不少老一辈无产阶级革命家的茶兴都不浅，

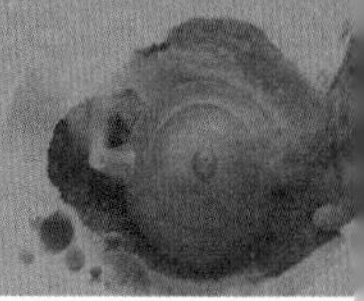

在诗词唱和中，也较多涉及茶事。毛泽东同志的七律诗《和柳亚子先生》中，就有“饮茶粤海未能忘，索句渝州叶正黄”的名句。朱德同志《品庐山云雾茶》云：“庐山云雾茶，味浓性泼辣。若得长时饮，延年益寿法。”

（六）国外茶诗

咏茶的诗不仅中国有，国外也有不少。9世纪中叶，我国的茶叶传入日本不久，嵯峨天皇的弟弟和王就写了一首茶诗《散杯》。17世纪茶叶传入欧洲后，也出现了一些茶诗。后来，西欧诗人创作了不少茶诗，内容多是对茶叶的赞美，从中可以看出他们对这种饮料的喜爱。

二、茶诗词的特点

中国茶诗词具有五大特点。

（一）年代久远

茶诗最迟在西晋已出现，至南北朝时，已有四篇涉及茶的诗，孙楚的《出歌》、左思的《娇女诗》、张载的《登成都白菟楼》，以及南朝宋王微的《杂诗》，均被唐代陆羽收入《茶经》中。

（二）作者众多

历代著名诗人大多写过茶诗，从西晋到当代，茶诗作者约870余人，茶诗达3500余篇。

（三）体裁多样

有古诗、律诗、试帖诗、绝句、宫词、联句、竹枝词、偈颂、俳句、新体诗歌以及宝塔诗、回文诗、顶真诗等趣味诗。

（四）题材广泛

涉及名茶、茶人、煎茶、饮茶、茶具、采茶、造茶、茶园、祭祀、庆贺、哀悼等，尤多赞扬茶的破睡、疗疾、饮用、解渴、清脑、涤烦、消食、醒酒、联谊之功等。

图 3-4　卢仝《七碗茶诗》

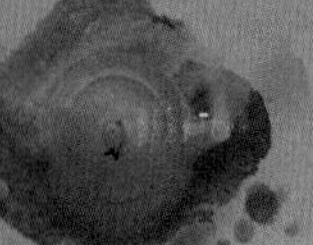

（五）含义深刻

茶诗中的一些名句逐渐形成特有的典故或成语。

三、茶诗词的分类

（一）寓言诗

采用寓言形式写诗，写的是茶、酒、水的“对阵”，读来引人联想，发人深思。如《解愠编》中茶对酒发话：“战退睡魔功不少，助成吟兴更堪夸。亡家败国皆因酒，待客何如只饮茶？”酒：“摇台紫府荐琼浆，息讼和亲意味长。祭礼筵宾先用我，何曾说着淡黄汤”，这里说的黄汤，实则是贬指茶水。水听了茶与酒的对话后插嘴道：“汲井烹茶归石鼎，引泉酿酒注银瓶。两家且莫争闲气，无我调和总不成！”

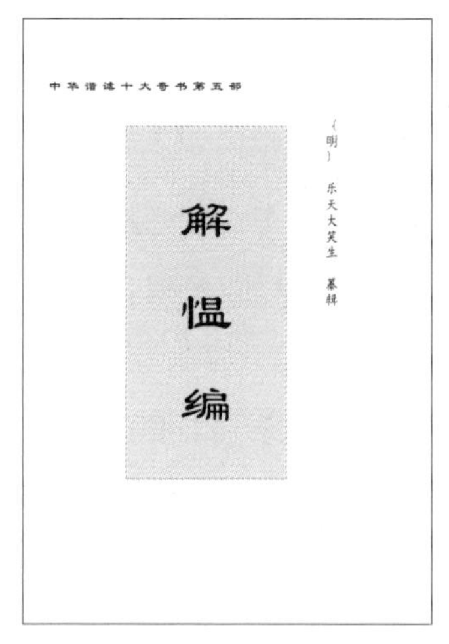

图 3-5　乐天大笑生《解愠编》

（二）一七体（又称宝塔诗）

宝塔诗是我国唐朝的一种诗歌类型，形如宝塔，排列为一，四四，五五，六六，七七，首句一字，末句七字，韵依题目一韵到底。平仄也有讲究，中间字数依次递增，各自成对。由于这种诗体格律规范较严，过分讲究形式，因此创作难度极大，在浩瀚的唐诗之中佳作显得凤毛鳞角，天才诗人元稹《一言至七言诗》运用如神、妙趣横生：

茶。

香叶，嫩芽。

慕诗客，爱僧家。

碾雕白玉，罗织红纱。

铫煎黄蕊色，碗转曲尘花。

夜后邀陪明月，晨前命对朝霞。

洗尽古今人不倦，将知醉乱岂堪夸。

（三）回文诗

在茶诗中，最有奇趣的要数回文诗。回文是利用汉语的词序、语法、词义十分灵活的特点构成的一种修辞方式。回文诗的创作难度很高，它的艺术魅力是一般诗体所

无法比拟的。如苏轼的回文茶诗有《记梦二首》。诗前有短序：十二月二十五日，大雪始晴，梦人以雪水烹小团茶，使美人歌以饮。余梦中写作回文诗，觉而记其一句云：“乱点余花唾碧衫。”意用飞燕唾花事也，乃续之为二绝句。序中清楚地记载了大雪始晴后的一个梦境。在梦中有人以洁白的雪水烹煮小团茶，并有美丽的女子唱着动人的歌，苏轼沉浸在美妙的情境中细细地品茶。梦中写下了回文诗。其一云：

酡颜玉碗捧纤纤，乱点余花唾碧衫。歌咽水云凝静院，梦惊松雪落空岩。又可倒读为：岩空落雪松惊梦，院静凝云水咽歌。衫碧唾花余点乱，纤纤捧碗玉颜酡。

（四）联句诗

联句是旧时作诗的一种方式，由两人或多人共作一首，但需意思连贯，相联成篇。多用于上层宴饮或朋友间的酬答。这种联句的茶诗在唐代开始出现，如《五言月夜啜茶联句》是由六位作者共同创作的，其中陆士修作首尾两句，这样总共十四句。诗云：

泛花邀坐客，代饮引情言（士修）。醒酒宜华席，留僧想独园（荐）。不须攀月桂，何假树庭萱（萼）。御史秋风劲，尚书北斗尊（万）。流华净肌骨，疏瀹涤心原（真卿）。不似春醪醉，何辞绿菽繁（昼）。素瓷传静夜，芳气满闲轩（士修）。

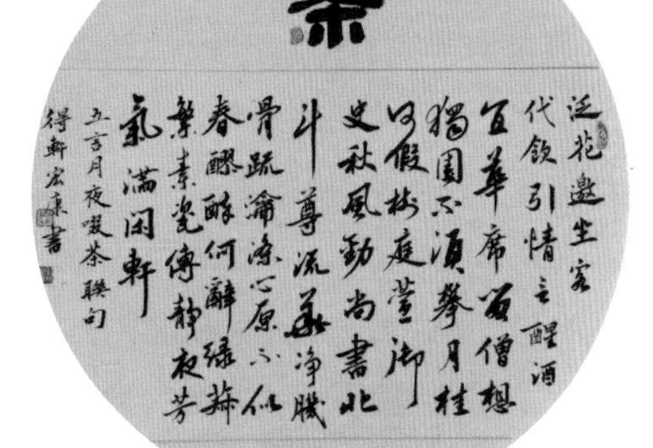

图 3-6　颜真卿《五言月夜啜茶联句》

（五）竹枝词

竹枝词本是唐代巴蜀一带的民歌，自刘禹锡仿作后，成为文士竞相袭用的文学形式。竹枝词专以吟咏地方风土为务，其中有不少是反映茶乡、茶市、茶俗的。如明代王稚登专咏西湖龙井，清代康发祥专咏茶器：“州西陶老制茶垆，赤日行天雨伞舒。一至官场人送礼，陶垆名已遍江湖。”

（六）排律

齐己的五言排律《咏茶十二韵》，这首五言排律的茶诗共有十二联。前二联首先介绍了百草之灵的茶所具有的品性，后十联分别描绘了茶的生长、采摘、入贡、功效、烹煮、寄赠等一系列茶事，语言上的对仗堪称一绝，除首尾二联外，每联上下两句都对仗工整，极显语言的优美整饬。诗云：

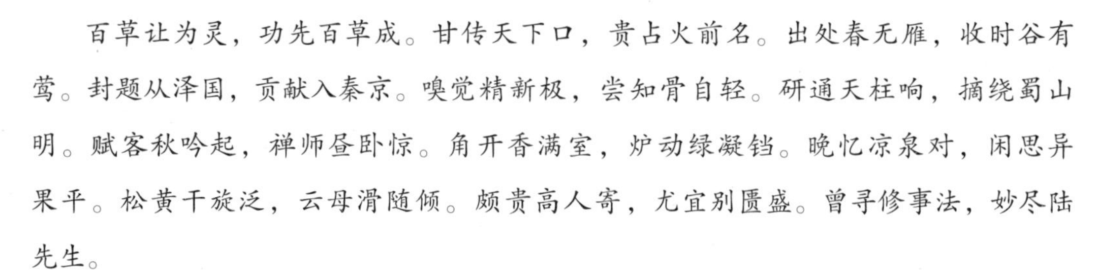

百草让为灵，功先百草成。甘传天下口，贵占火前名。出处春无雁，收时谷有莺。封题从泽国，贡献入秦京。嗅觉精新极，尝知骨自轻。研通天柱响，摘绕蜀山明。赋客秋吟起，禅师昼卧惊。角开香满室，炉动绿凝铛。晚忆凉泉对，闲思异果平。松黄干旋泛，云母滑随倾。颇贵高人寄，尤宜别匮盛。曾寻修事法，妙尽陆先生。

（七）古诗

李白的五言古诗《答族侄僧中孚赠玉泉仙人掌茶并序》，是一首咏茶名作，字里行间无不赞美饮茶之妙，为历代咏茶者赞赏不已。公元752年，李白与侄儿中孚禅师在金陵（今南京）栖霞寺不期而遇，中孚禅师以仙人掌茶相赠并要李白以诗作答，遂有此作。它生动描写了仙人掌茶的独特之处。前四句写景，得天独厚，以衬序文，后八句写茶，生于石中，玉泉长流，“根柯洒芳津，采服润肌骨”，好的生长环境培养了上乘的品质。最后八句写情，以抒其怀。诗云：

常闻玉泉山，山洞多乳窟。仙鼠如白鸦，倒悬清溪月。茗生此中石，玉泉流不歇。根柯洒芳津，采服润肌骨。丛老卷绿叶，枝枝相接连。曝成仙人掌，似拍洪崖肩。举世未见之，其名定谁传。宗英乃禅伯，投赠有佳篇。清镜烛无盐，顾惭西子妍。朝坐有余兴，长吟播诸天。

（八）茶词

从宋代起，词人把茶写入词中，留下了不少佳作。其中，以黄庭坚《品令》最为有名：“凤舞团团饼，恨分破，教孤另。金渠体净，只轮慢碾，玉尘光莹。汤响松风，早减二分酒病。　味浓香永，醉乡路，成佳境。恰如灯下故人，万里归来对影，口不能言，心下快活自省。”另外，苏轼《行香子》：“绮席才终，欢意犹浓，酒阑时高兴无穷。共夸君赐，初拆臣封。看分香饼，黄金缕，密云龙。　斗赢一水，功敌千钟，觉凉生两腋清风。暂留红袖，少却纱笼。放笙歌散，庭馆静，略从容。”

（九）元曲

元曲中的作品有相当部分是与茶有关的，如李德载《喜春来，赠茶肆》小令十首（摘录其中的三首）：（一）茶烟一缕轻轻扬，搅动兰膏四座香，烹煎妙手赛维扬。非是谎，下马试来尝。（七）兔毫盏内新尝罢，留得余香在齿牙，一瓶雪水最清佳。风韵煞，到底属陶家。（十）金芽嫩采枝头露，雪乳香浮塞上酥，我家奇品世间无。

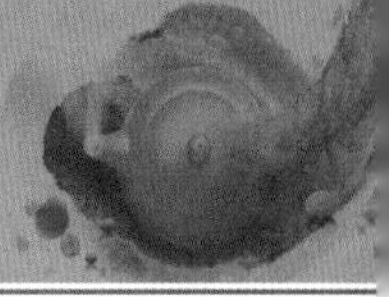

君听取，声价彻皇都。

（十）唱和诗

在数以千计的茶诗中，皮日休和陆龟蒙的唱和诗，可谓别具一格，在咏茶诗中也属少见，两人为知己，都有爱茶雅好，经常作诗唱和，因此人称“皮陆”。他们写有《茶中杂咏》唱和诗各十首，内容包括《茶坞》《茶人》《茶笋》《茶籯》《茶舍》《茶灶》《茶焙》《茶鼎》《茶瓯》和《煮茶》等，对茶的史料，茶乡风情，茶农疾苦，直至茶具和煮茶都有具体的描述，可谓一份珍贵的茶叶文献。

图 3-7　孙淑《对茶》

（十一）按题材分

中国的茶诗茶词，不但数量多，而且题材十分广泛。可分为名茶篇、名泉篇、茶具篇、烹茶篇、品茗篇、制茶篇、采茶篇、颂茶篇等。①名茶篇：王禹偁的《龙凤茶》、范仲淹的《鸠坑茶》、梅尧臣的《七宝茶》、于若瀛的《龙井茶》等。②名泉篇：陆龟蒙的《谢山泉》、苏轼的《求焦千之惠山泉诗》、朱熹的《康王谷水帘》等。③茶具篇：皮日休和陆龟蒙分别作的《茶籯》《茶灶》《茶鼎》以及《茶瓯》等。④烹茶篇：白居易的《山泉煎茶有怀》、苏东坡的《汲江煎茶》、陆游的《雪后煎茶》等。⑤品茗篇：钱起的《与赵莒茶宴》、刘禹锡的《尝茶》等。⑥制茶篇：顾况的《焙茶坞》、蔡襄的《造茶》、梅尧臣的《答建州沈屯田寄新茶》等。⑦采茶篇：姚合的《乞新茶》、黄庭坚的《寄新茶与南禅师》、张日熙的《采茶歌》等。⑧颂茶篇：苏轼《次韵曹辅寄壑源试焙新茶》“从来佳茗似佳人”、周子充《酬五咏》“从来佳茗如佳什”、秦少游《茶》“芳不愧杜蘅，清堪掩椒菊”等，都表达了对茶的赞颂。

四、茶诗词解析

（一）唐代前的茶诗

左思的五言古诗《娇女诗》：“吾家有娇女，皎皎颇白皙。小字为纨素，口齿自清历。其姊字惠芳，面目粲如画。轻妆喜楼边，临镜忘纺绩。心为茶荈剧，吹嘘对鼎铴。脂腻漫白袖，烟熏染阿锡。衣被皆重池，难与沉水碧。”表现姊妹二人，聪明活泼，无忧无虑，嬉戏好动。将姊妹俩为茶饮而停止喧闹，还迫不及待地对着茶鼎下的炉火使劲吹气，以致油腻污染了白衫袖，炉烟熏黑了细布衣，难以清洗干净的场景，刻画得生动鲜活。该诗是陆羽《茶经》收录的中国古代第一首茶诗。再如张载的五言古诗《登成都白菟楼》，描述白菟楼的雄伟气势以及成都的商业繁荣、物产富饶、人才辈出的景象，其中除赞美秋橘春鱼、果品佳肴外，还特别炫耀四川香茶。

（二）唐代茶诗

唐代卢仝七言古诗《走笔谢孟谏议寄新茶》又名“七碗茶歌”，系他在品尝友人谏议大夫孟简所赠新茶之后即兴而作。诗人先赞叹好友孟谏议派人送来的封裹、加工极为精致的新茶上品，在珍惜喜爱之时，联想到了茶的名贵难得，新茶采制的辛苦。接着诗人写自己反关柴门亲自煎饮的情况，其中有对茶汤色泽的描绘，尤其是以神奇浪漫的笔墨，描写了饮茶的感受：“一碗喉吻润，两碗破孤闷。三碗搜枯肠，唯有文字五千卷。四碗发轻汗，平生不平事，尽向毛孔散。五碗肌骨清，六碗通仙灵。七碗吃不得也，唯觉两腋习习清风生。蓬莱山，在何处？”诗作的结尾为议论：哪里知道这珍贵的茶叶是多少茶农冒着生命危险攀悬在山崖上采摘的？老百姓这样的日子何时才能到头啊！作者用优美诗句表现对茶的深切感受。特别是对饮七碗茶的描述，十分传神，遂使此诗脍炙人口，历久不衰，后人广为引用。

（三）宋代茶诗

范仲淹（989—1052）七言古诗《和章岷从事斗茶歌》，以生动形象的手法描述了当时斗茶的情况：

年年春自东南来，建溪先暖冰微开。溪边奇茗冠天下，武夷仙人从古栽。新雷昨夜发何处，家家嬉笑穿云去。露芽错落一番荣，缀玉含珠散嘉树。

文辞多处用典，以衬托茶味之美。开头先讲了茶的采制过程，然后讲斗茶，包括斗味和斗香，因为在众目睽睽之下进行，故对茶的品第高低都有公正的评价。茶器的精美，茶汤的优质，茶味的可口，茶香的悠长，都在诗人笔下一一展现。这不仅是斗茶的品质、水的优劣、茶技的高低，更是斗美。

（四）元代茶诗

元代成吉思汗、窝阔台汗时的大臣耶律楚材（1190—1244）的七言诗《西域从王

君玉乞茶》，为《西域从王君玉乞茶因其韵七首》中之一首。此诗所表达的是由于长年饮不到好茶，诗人感到心窍都被黄尘堵塞了，文思不畅。诗中描述了喝建溪茶的美好回忆，又用卢仝和从谂禅师的嗜茶典故表达自己对好茶的梦寐以求。并明确表示乞茶之意：

积年不啜建溪茶，心窍黄尘塞五车。碧玉瓯中思雪浪，黄金碾畔忆雷芽。卢仝七碗诗难得，谂老三瓯梦亦赊。敢乞君侯分数饼，暂教清兴绕烟霞。

（五）明代茶诗

明代有120余人写过500余篇茶诗，诗体有古诗、律诗、绝句、竹枝词、宫词等。题材有名茶、茶神陆羽、煎茶、饮茶、名泉、茶具、采茶、造茶、茶功等。著名茶诗有文徵明《茶具十咏》、于若瀛《龙井茶歌》等。明代诗人高启（1336—1374）的《采茶词》，指向茶农生活贫苦的现实，因为他们赖以生存的“春雨”新茶，受到无情的盘剥，于是，采茶之喜和山家之苦，清茗之香与盘剥之狠，形成了鲜明对照。诗云：

雷过溪山碧云暖，幽丛半吐枪旗短。银钗女儿相应歌，筐中摘得谁最多？归采清香犹在手，高品先将呈太守。竹炉新焙未得尝，笼盛贩与湖南商。山家不解神禾黍，衣食年年在春雨。

（六）清代茶诗

清代杜濬（1611—1687）的五言律诗《北山啜茗》，描写雪夜饮茶，寒夜之景，孤寂之情，颇有余味。又如清代郑板桥《家兖州太守赠茶》：“头纲八饼建溪茶，万里山东道路赊。此是蔡丁天上贡，何期分赐野人家。”描写诗人意外地得到了名贵的茶叶，以写诗表达感激喜悦之情。

课后拓展

1.为何唐宋时期关于茶的诗词名篇最多?

2.请背诵几首你最欣赏的茶诗词名作，领悟其文学价值和艺术价值，体会人性和茶性的和谐美妙。

模块二　茶与歌舞

在我国，以茶为题材的歌舞音乐，就像茶诗一样丰富，茶与书、画、歌、剧等艺术形式结缘很深，人们在长期的茶事活动中，形成了极为丰富的茶歌茶舞。茶歌舞便是茶叶生产、饮用发展到一定时候衍生出来的一种文化现象，是非常珍贵的文化遗产。

一、茶与歌舞的渊源

（一）茶歌茶舞的起源

图 3-8　古丈茶歌

从现存的茶史资料看，茶叶成为歌咏的内容，最早见于西晋孙楚的《出歌》，其称“姜桂茶荈出巴蜀”，这里所说的“茶荈”，就是指茶。唐代中期《全唐诗》中还能找到如皎然《茶歌》、卢仝《走笔谢孟谏议寄新茶》、刘禹锡《西山兰若试茶歌》等几首，尤其是卢仝的茶歌，常见引用。宋时由茶叶诗词而传为茶歌的情况较多，如熊蕃在十首《御苑采茶歌》的序文中称：“先朝漕司封修睦，自号退士，尝作《御苑采茶歌》十首传在人口。”明清时杭州富阳一带流传的《贡茶鲥鱼歌》是正德九年（1514）按察佥事韩邦奇根据《富阳谣》改编为歌：“富阳山之茶，富阳江之鱼，茶香破我家，鱼肥卖我儿。采茶妇，捕鱼夫，官府拷掠无

完肤，皇天本至仁，此地亦何辜？鱼兮不出别县，茶兮不出别都。富阳山，何日颓？富阳江，何日枯？山颓茶亦死，江枯鱼亦无，山不颓江不枯，我民何以苏？！”歌词通过一连串的问句，唱出了富阳地区采办贡茶和捕捉贡鱼，百姓遭受的侵扰和痛苦。

（二）茶与民间歌舞的关系

人们在长期的茶事活动中，形成了极为丰富的茶歌茶舞，这些茶歌茶舞是珍贵的非物质文化遗产。远在唐代，诗人杜牧在《题茶山》中就有“舞袖岚侵涧，歌声谷答回”的描述。我国各民族的采茶姑娘，历来都能歌善舞。因此，在茶乡有“手采茶叶口唱歌，一筐茶叶一筐歌”之说。在我国，以茶为题材的歌舞，就像茶诗一样丰富，凡是产茶的省份，诸如江西、浙江、福建、湖南、湖北、四川、贵州、云南等地均有茶歌和茶舞。这些歌舞大致可以分为两种类型：一类是人民大众在长期的茶事活动中，根据自己的切身体会，自编自演，再经文人的润饰加工而成的民间歌舞；另一类是文人学士根据茶乡风情，结合茶事劳作，借茶抒怀，专门创作而成的茶歌和茶舞。这些茶歌、茶舞在不同的时期，反映了不同的茶农生活和社会面貌，其中有凄苦，也有欢乐。它们是茶区劳动者生活感情的反映，较多地保留着茶乡的民俗、民风。

图 3-9　茶舞

二、茶歌的分类及艺术形式

茶歌又称采茶歌，是由茶叶生产、饮用过程中派生出来的一种茶文化现象，是一种以茶为主题的最常见、最朴实、最富有生活气息的民间文艺形式。

（一）由谣而歌

由谣而歌，即民谣经过文人的整理配曲再返回民间。人们常说：“上山下乡问渔樵，要知民意听民谣。”民谣在中国古代的文化中始终占有重要的一席之地，在《诗经》、乐府歌辞中有很多。苏东坡有“争新买宠各出意，今年斗品充官茶”及“洛阳相君忠孝家，可怜亦进姚黄花”的诗句，列举武夷团茶与洛阳姚黄（牡丹之王）的盛名之累。又如明清时杭州富阳一带流传的《贡茶鲥鱼歌》，它是正德九年（1514）按

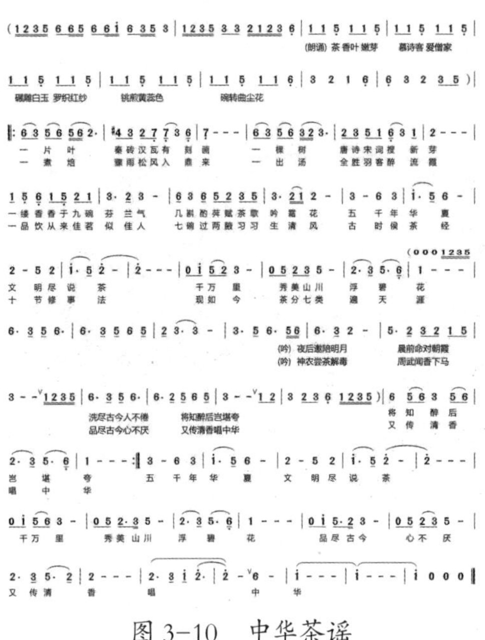

图 3-10　中华茶谣

察佥事韩邦奇根据《富阳谣》改编为歌，歌词语言犀利，通过一连串的问句，深刻揭露了官府采办贡茶、捕捉贡鱼给人民带来的侵扰和灾难，淋漓尽致地唱出了富阳人民不堪重负的沉重哀叹和内心的痛苦。

（二）茶农和茶工自己创作的民歌和山歌

它是茶区劳动人民生活情感的自然流露，没有经过文人的润色，大多保留着原汁原味。如清代流传在武夷山茶区的茶歌：“想起崇安真可怜，半碗腌莱半碗盐；茶叶下山出江西，吃碗清茶赛过鸡。”这首茶歌表现了从江西到武夷山区采制茶叶的劳工们难以想象的艰苦生活。除了江西、福建外，其他如浙江、湖南、湖北、四川各省的地方志中，也都有不少记载。这些茶歌，开始未形成统一的曲调，后来孕育产生了专门的“采茶歌”。采茶调和山歌、盘歌、五更

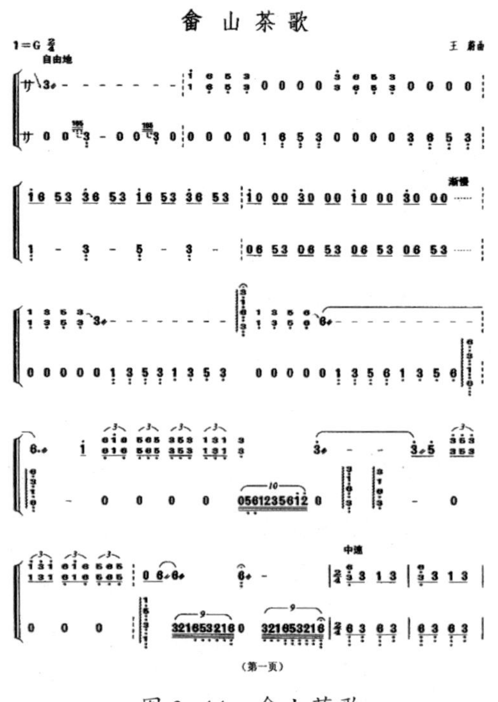

图 3-11　畲山茶歌

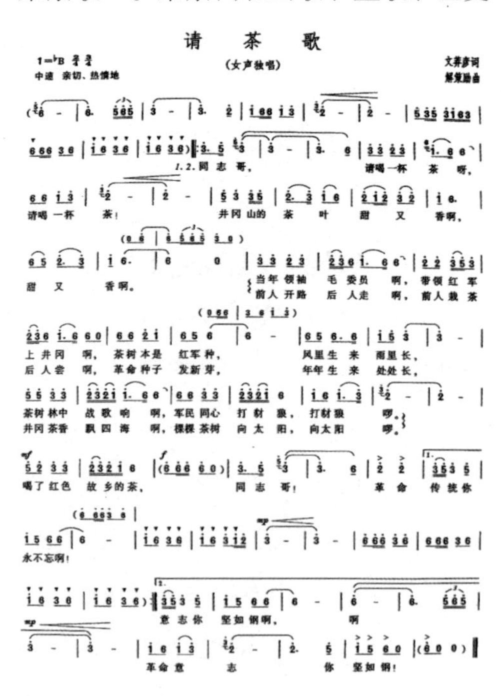

图 3-12　请茶歌

调、川江号子等并列，发展为我国南方一种传统的民歌形式。

（三）文艺工作者创作的歌词

现代茶歌中以茶为主题的歌曲作品很多，多为文艺工作者所创作。如流行于浙江四明山地区的《请茶歌》，语言亲切感人，韵味细腻醇香，该歌曲表现了四明山区人民对革命同志的深厚感情。

三、茶舞的分类及艺术形式

茶舞主要有采茶舞和茶灯两大类。在浙、赣、皖、苏、闽、湘、鄂、川、黔、滇等地，茶舞都很普遍，历来是民间迎新春、闹元宵的主要节目，深受人民群众的喜爱。

（一）采茶舞

采茶舞是流传于民间的传统舞蹈，如浙江省杭州市茶乡采茶舞、广西玉林市的壮族采茶舞等等。各地的采茶舞，虽然略有差异，但是总体上都是与采茶密切相关的，而且内容丰富，动作优美。采茶舞的动作特点是朴实大方、富于幽默感。茶公常用颤腿、屈膝作矮桩动作，舞步轻快潇洒。手中的钱尺在表演“开荒舞”时可当作锄头，表演炒茶时可作拉风箱状，动作诙谐，富有情趣。茶娘的动作多为羞涩含蓄、细碎轻盈的舞步，多用“十字步”“踏步转”。手中彩扇轻挥疾拢，有如云朵飘舞、柳絮轻扬，舞姿婀娜，仪态万千，充分表现出少女的天真烂漫、活泼可爱。采茶舞亦歌亦舞，一般两句或四句一歌，间从锣鼓或音乐过门。舞者在过门中成△形循环穿插，步履轻如蜻蜓点水，急如流水疾风。配以鼓乐，场面气氛热烈，具有较强的娱乐性。

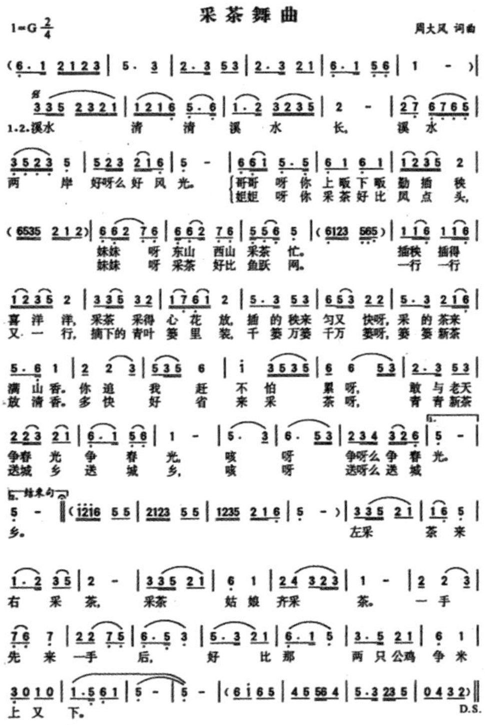

采茶舞曲

1=G $\frac{2}{4}$　　周大风 词曲

图 3-13　采茶舞曲

（二）茶灯（马灯、霸王鞭）

茶灯是福建、广西、江西和安徽“采茶灯”的简称，是过去汉族比较常见的一种

图 3-14　采茶灯

民间舞蹈形式。它在江西还有“茶篮灯”和“灯歌”的名称；在湖南和湖北则称为“采茶”和“茶歌”，在广西又称为“壮采茶”和“唱茶舞”。中华人民共和国成立后被搬上了舞台，如福建龙岩的采茶灯、云南的《十大姐》等。茶灯不仅各地名称不一，跳法也不同，一般是由一男一女或一男二女参加表演。舞者身着彩服，腰系绸带，男的持一钱尺（鞭）作为扁担、锄头、撑杆等道具，女的或手拿花扇，以做竹篮、雨伞、茶器具，或拎着纸糊的各种灯具，载歌载舞。表演内容为种茶的全部过程，如《桂南采茶》中有“恭茶、参拜”，预祝茶叶的丰收；“十二月采茶”“摘茶”“炒茶”“卖茶”等，表现从种茶到采摘加工等过程。采茶的舞蹈动作一般是摹拟采茶劳动中的正采、倒采、蹲采以及盘茶、送茶等动作，有时也模仿生活中梳妆、上山以及表示男女爱慕之情的姿态。

四、经典剧目中的茶歌茶舞

（一）茶剧种

以茶命名的戏剧剧种有近二十个之多，如武宁采茶戏、南昌采茶戏、景德镇采茶戏、赣南采茶戏、萍乡采茶戏、黄梅采茶戏、粤北采茶戏、广西采茶戏、湖北采茶戏、云南茶灯戏等。在我国的传统戏剧剧目中，有不少表现茶事的情节与台词。明朝戏剧家汤显祖在《牡丹亭》里，就有许多表达茶事的情节。如《劝农》一出里有“乘谷雨，采新茶，一旗半枪金缕芽。学士雪炊他，书生困想他，竹烟新瓦”的词句。杜宝见到农妇们采茶如同采花一般的情景，不禁喜上眉梢，吟曰：“只因天上少茶星，地下先开百草精；闲煞女郎贪斗草，

图 3-15　南昌采茶戏

风光不似斗茶清。”这些唱词对谷雨采摘细嫩的旗枪、选用雪水沏茶，以及斗茶品茗等，做了生动的描绘。此外，现代剧作家田汉《环珴璘与蔷薇》中也有不少煮水、沏茶、奉茶、斟茶的场面，京剧《沙家浜》的剧情也是在阿庆嫂开设的春来茶馆中展开的，老舍话剧《茶馆》更是久演不衰的剧目。

（二）由茶歌茶舞演变而来的独立剧种

1.采茶戏。我国是茶文化的发源地，也是世界上唯一一个由茶事发展产生独立剧种——“采茶戏”的国家。采茶戏，是流行于湖北、安徽、广东、广西等省区的一种传统戏剧类别，产生年代大多是清代中期至清代末年，种类繁多。在各省还以流行的地区不同，而冠以各地的地名来加以区别，如广东的“粤北采茶戏”、湖北的“黄梅采茶戏”等等。2006年5月20日，采茶戏经国务院批准列入第一批国家级非物质文化遗产名录。

2.茶山号子。茶山号子是瑶民在劳动生活中所形成的一种极为特别的民歌演唱形式。茶山号子主要分布在辰溪县的黄溪口镇、罗子山瑶族乡、苏木溪瑶族乡、土蒲溪瑶族乡一带。茶山号子源于明清，是几千年来繁衍在这里的瑶族人民在秋季挖茶山时为解除疲劳、振奋精神、统一劳动节奏而创作出来的独具特色的民间歌谣。真正有记载的是从一代歌王舒黑娃（宣统元年）始。当时“茶山号子”已经无人能唱，舒黑娃从老一辈口述中吸取了一点经验，从小勤学苦练，摸索和掌握了一套演唱“茶山号子”的方法。但因“茶山号子”发音奇高，很难掌握，让人望而生畏，如今会唱“茶山号子”的人已寥寥无几。

图 3-16　采茶舞曲

图 3-17　茶山号子

知识链接1：《贡茶鲥鱼歌》

富阳山之茶，富阳江之鱼。

茶香破我家，鱼肥卖我子。

采茶妇，捕鱼夫，官府拷掠无完肤，

皇天本至仁，此地亦何辜？

鱼兮不出别县，茶兮不出别都，

富阳山，何日颓？

富阳江，何日枯？！

山颓茶亦死，江枯鱼亦无！

山不颓，江不枯，

我民何以苏！

知识链接2：浙江金曲《采茶舞曲》

浙江著名音乐家周大风创作的《采茶舞曲》从1958年问世后，很快就风靡浙江、传遍全国。在2016年G20峰会的大型文艺晚会上，随着300名舞蹈演员翩翩起舞，它又响彻西湖夜空。虽然60多年过去了，但今天的它，仍然是一首雅俗共赏的当红歌曲。

《采茶舞曲》全曲由三个展衍性的乐段构成，将多种浙江传统民间音乐元素熔于一炉，有长于抒情的越剧“尺调腔”音调，滩簧叠板的灵活结构，浙东民间器乐曲的旋律片段和江南丝竹秀雅的多声部织体。其中的第二、三段，以写实的手法，描绘了姑娘们在茶园采茶的忙碌身姿：“左采茶，右采茶，双手两面起下。一手先、一手后，好比两只公鸡争米上又下。”流畅甜美的旋律与活泼跳荡的节奏相结合，丝弦轻扬、锣鼓轻击，乐队奏出固定的采茶律动，始终轻轻地陪伴着。逼真地再现了茶农采摘龙井细茶时，似鸡啄米般快速、精巧的动作特色和收获的喜悦。

1958年的春天，周大风来到泰顺东溪乡。在这个与杭州同样盛产茶叶的地方，每天一边与妇女们采茶，一边在构思一个《凤凰山积肥》的剧本。那时候正是谷雨前的插秧和采茶双高峰生产季节，因人手不够，只能挑灯夜战，还因为炒茶来不及，炒茶人拒收摘来的青叶而闹起了纠纷。这个水稻生产和茶叶生产的矛盾现象，一下子触发了周大风先生写山区采茶题材作品的灵感。于是在1958年5月11日的当夜，他灵感突

发、思如泉涌，一口气写出了《采茶舞曲》全部的词、曲与乐队的伴奏谱。周大风写完《采茶舞曲》的第二天，把歌曲交给了当地的小学生们试唱，当地的孩子们非常喜欢，不仅一学就会，还手舞足蹈地模拟起了采茶动作。从5月14日起，他闭门三天，一口气写出了《雨前曲》。他又把先期完成的《采茶舞曲》作为这个剧本的开场。后来在杭州的排练中，主创人员在这首乐曲基础上，设计了舞蹈动作与队形。这样《采茶舞曲》就从单纯的演唱，变成了《雨前曲》的开场歌舞形式。

半个世纪以来，这首歌曲不仅红遍大江南北，还在全世界发行了100余种版本的唱片专辑，1983年更被联合国评为“亚太地区风格的优秀教材”。2005年，泰顺把《采茶舞曲》定为泰顺的县歌。周大风曾经住过的土楼，也被定为国家文物保护单位，并在泰顺落成《采茶舞曲》纪念馆。纪念馆对东溪土楼周边进行了修旧复原，占地260平方米，建筑面积530平方米，总投资300多万元。除了展出周大风先生珍贵的历史照片，还收藏有其生前用过的乐器、音乐名著、生活用品等珍贵物件。

周大风先生虽然已经离世，但是，他的作品从未远离舞台，依然被一次又一次地演奏和传唱。而《采茶舞曲》堪称浙江音乐史上的一个传奇。7月份即将在泰顺举行2019全省茶歌大会，我们将听到这首曲子再次在它的诞生地被唱响。

课后拓展

1.请简述我国各地区茶歌茶舞的分类及主要特点。

2.学唱或学跳具有地方特色的茶歌或茶舞，陶冶情操，厚植家国情怀。

模块三　茶与书画

茶与书画之缘，源远流长。一方面是书画家及其作品对茶事的欣赏，对饮茶文化的宣传，对制茶技术的传播等，起着积极的推动作用；另一方面是茶和饮茶艺术激发了书画家的创作激情，为丰富书画艺术的表现提供了物质和精神的内容。茶与书画都具有清雅、质朴、自然的美学特征，这就是茶与书画结缘的基础所在。

一、茶与书画的关系

在中国美术史上，曾出现过不少以茶为题材的书画作品。这些作品从一个侧面反映了当时的社会生活和风土人情，几乎每个历史时期，都有一些代表作流传于世。茶，从唐至今早已脱离单纯的啜饮范围，逐渐演化出人与茶的一种精神交流行为，人们从中得到了心灵上的放松与精神上的净化。茶与水，茶与墨，茶与笔，茶与纸，单一与重叠，扩散与收敛，在茶画中注入精神性的暗喻。将品茶的身体行为转化为书画的创作行为，单纯的感官享受就转变成了精神的审美追求，蕴含在茶背后的文化价值就是支撑茶书画最有力的骨架。

二、茶与书画的发展历史

（一）唐代茶画

真迹的故事。图3-18为烹茶的老者与侍者，形老者蹲坐于蒲团之上，手持“茶夹子”，正欲搅动茶釜中刚刚投入的茶末，侍童正弯着腰手持茶托盏，准备“分茶”（将茶水倒入盏中）。右下角有方茶桌，上面放着茶碾、茶罐等器物。这幅画描绘了佛门中以茶待客的情景，再现了一千多年前烹茶、饮茶的部分细节，其形象妙趣横生。此外，张萱《煎茶图》、作者未详的《宫乐图》等都是唐代传世的名作，描绘了唐代宫廷贵妇们聚会品茗、奏乐的场面，这些画都已

图 3-18　阎立本《萧翼赚兰亭图》

图 3-19　孙位《高逸图》局部

成为考稽中晚唐茶事的珍贵资料。

（二）宋代茶画

宋徽宗赵佶（1082—1135），擅诗文，精书画。他的“瘦金体”书法和工笔画在中国美术史上独树一帜。他的《文会图》描绘了一个共有二十个人物的文人聚会场面。从图中可以清晰地看到各种茶具，其中有茶瓶、都篮、茶碗、茶托、茶炉等。名曰“文会”，显然也是一次宫廷茶宴。整幅画面人物神态生动，场面气氛热烈。现收藏在中国台北“故宫博物院”。此外，南宋刘松年《斗茶图卷》描绘了民间斗茶情景，《碾茶图》形象生动地再现了唐宋时饼茶饮用前碾茶的工序。钱选（1239—1302）的《卢仝烹茶图》，主人、差人、仆人三者同现于画面，三人的目光都投向茶炉，表现了卢仝得到阳羡茶后迫不及待地烹饮的惊喜心情。

图 3-20　钱选《卢仝烹茶图》

（三）元代茶画

赵孟頫（1254—1322），字子昂，号松雪，湖州人，宋朝宗室。赵孟頫的《斗茶图》是绘画中以斗茶为题材的影响最大的作

图 3-21　赵孟頫的《斗茶图》

品。整个画面用笔细腻遒劲，人物神情的刻画充满戏剧性张力，动静结合，将斗茶的趣味性、紧张感表现得淋漓尽致。此外，倪瓒（1301—1374，字元镇，号云林子）《安处斋图卷》，意境清远萧疏，显示出一派简朴安逸的气氛。

（四）明代茶画

王绂（1362—1416），字孟端，号友石、九龙山人，无锡人，尤擅墨竹，笔势洒落。其《竹炉煮茶图》画面有茅屋数间，屋前几上置有竹炉和水瓮。远处有山水。后图卷毁于清代的一次火灾。董诰在乾隆庚子（1780）仲春，奉乾隆皇帝之命，复绘一幅，因此称《复竹炉煮茶图》。此外，唐寅（1470—1523）的《事茗图》《品茶图》与《烹茶图》，画面均用细长的线条来表现，造成了一种流动的风姿，与画面中人物的怡情惬意融为一体，很好地表现出当时文人学士远离尘俗，品茗抚琴的生活志趣。文征明（1470—1559）《惠山茶会图》记录了当年清明时节画家偕同好友蔡羽、汤珍、王守、王宠等游览无锡惠山，在山间赋诗饮茶之事，表现了主人喜欢在户外品

图 3-22　刘贯道《消夏图》

图 3-23　丁云鹏《玉川煮茶图》

茗，与大自然的亲密关系。陈洪绶（1598—1652）的《停琴啜茗图》，画中有一圆肚茶壶，而右有黑色的茶炉，里面燃着红色的炭火，茶炉上为一直柄上翘的茶锅，环境幽雅宜人，人物的造型刚柔相济，转折劲挺，把人物隐逸情调和文人高雅的品茶生活，渲染得既充分又得体。

（五）清代茶画

华岩（1682—1756），字秋岳，号新罗山人、东园生、布衣生等，福建上杭人。其《闲听说旧图》是以18世纪农村生活为创作背景的。从画面上看，是在早稻收割季节，村民们在听书休闲之时。最引人注目的是一富人坐在仅有的一条大长凳上，体态臃肿，神情傲慢而自得，有专人服侍用茶，送茶者恭恭敬敬双手托盘，盘里是一只小茶碗。旁边却是一位须发皆白的佝偻的老人，双手抱着一只粗瓷大碗在饮茶。胖与瘦，小茶碗与大茶碗，使奴呼童与孤独无养，大长凳与小板凳，从强烈的对比差别中反映出社会的不平等。此外，边寿民（1684—1752）的《紫砂壶》体现了他爱壶、赏壶、画壶之情趣。汪士慎（1686—1759）的《墨梅图》以梅抒发茶情。李方膺（1695—1754）的《梅兰图》，画面中梅花疏影横斜孤清冷艳，惠兰婀娜飘逸，一壶一杯造型朴拙神态可人，以极为精练的笔法和着墨勾勒高古朴拙的茶壶、茶碗，以梅、兰、竹及泥盆、破罐、怪石衬之，飘逸素洁，已非寻常人品茗之境，作者心中的茗事，应该是茶好水佳器精及优雅的品茗之境。

图 3-24　清代购茶图

图 3-25　清末民初民俗画《京华茶馆图》

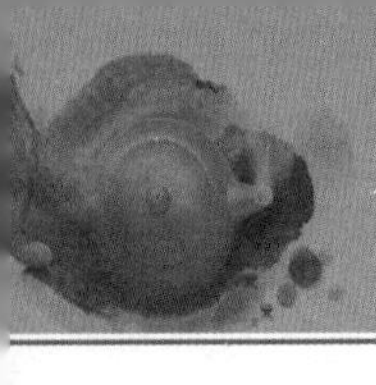

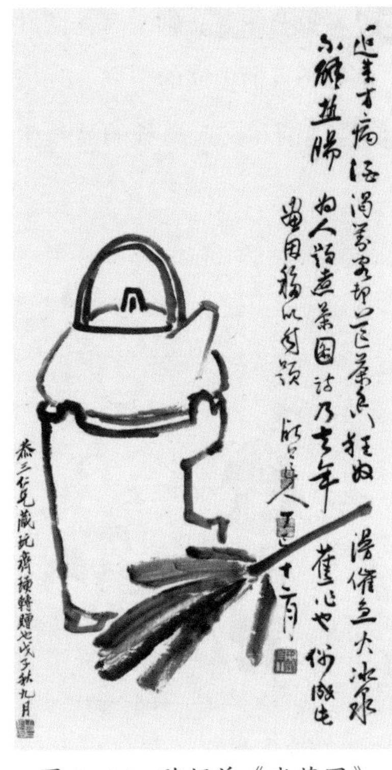

图 3-26　陈师曾《煮茶图》

（六）现代茶画

齐白石（1864—1957）的《煮茶图》，画面中一赭石风炉，上搁一把墨青的瓦壶，炉前，一柄破旧的大蒲扇，扇下露出火钳半柄，旁置三块焦墨画的木炭，生动形象地体现了主人清贫俭朴的情操以及对山乡生活和大自然的热爱。黄宾虹（1865—1955）的《煮茗图》描绘了山居闲适的生活情趣。丰子恺（1898—1975）的《人散后》画面是晴朗的夜空，天上一钩新月，凉台上一张靠着栏杆的小桌，三面各有一张坐椅，桌上一壶三杯，静谧、简洁。题记："人散后，一钩新月天如水。朗度先生清供。"此画妙在画外有画，人散前，品茗清谈的情景，留待观画者体味。傅抱石（1904—1965）的《松荫品茗》着力营造一个清雅脱俗的品茗意境，似借一瓢清茗品出一个自由清静的天地。刘旦宅《茶经图集》绘画作品集，精选了作者创作的34幅以茶事为题材的书画作品，可以说是中国茶文化的图谱。此外，还有余任天（1908—1984）的《梅岭茶香图》、方成的《工夫茶》等。

（七）书法与茶

中国书法可分为篆、隶、楷、行和草书五种，是我国独特的传统艺术之一，它是通过汉字的笔画线条千姿百态、千变万化的神妙组合来表情达意的。在我国历代的书法家中有不少茶人，在他们的艺术生涯和交友活动中，自然而然地为后人留下了不少与茶有关的书法作品或墨迹。

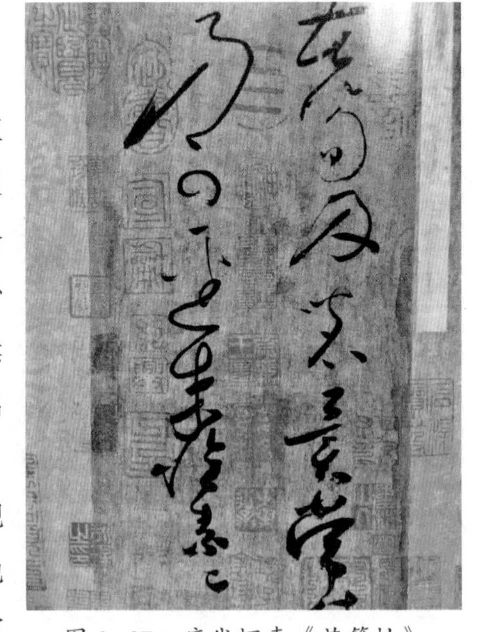

图 3-27　唐代怀素《苦笋帖》

唐代僧人怀素（725—785）《苦笋帖》是现存最早的与茶有关的佛门手札，幼年出家的他以狂草而闻名，寥寥14个字："苦笋及茗异常

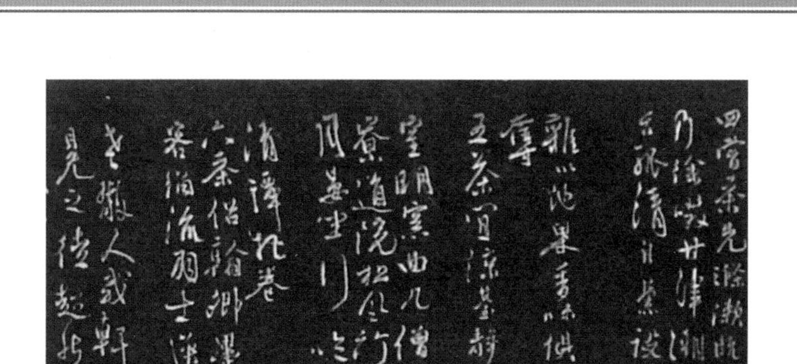

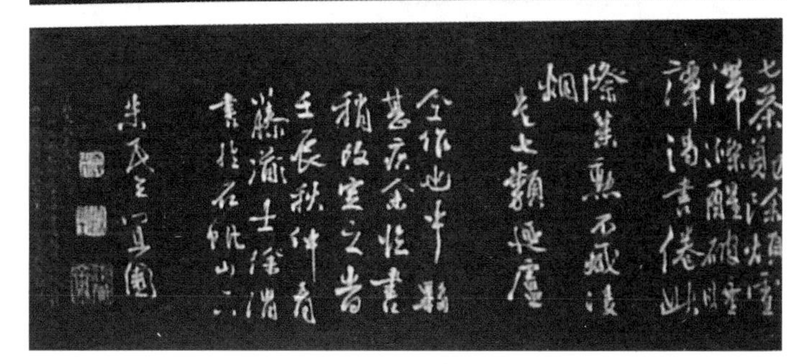

图 3-28　明代徐渭书煎茶七类

佳，乃可径来，怀素上。”却堪称书林茶界之一大瑰宝。蔡襄（1012—1067）为“宋四家”之一，其《北苑十咏诗帖》有《出东门向北苑路》《北苑》《茶垄》《采茶》《造茶》《试茶》《御井》《龙塘》《凤池》《修贡亭》十首，以行书书就，风格清新隽秀，气韵生动，为难得的书法佳作。苏轼《啜茶帖》为元丰三年（1080）写给道源的一则便札，邀请道源来饮茶，并有事相商。全文共32字，分4行：“道源无事，只今可能枉顾啜茶否？有少事须至面白。孟坚必已好安也。轼上，恕草草。”显示了他挥毫啜茗的绝代风采。黄庭坚（1045—1105）《茶宴》兼擅行、草书，其中的“茶宴”二字是迄今为止最早的“茶宴”手迹。唐寅（1470—1523）与沈周、文征明、仇英合称“明四家”，兼工书法，能诗文，其朝夕与茶为伴，影形不离。

（八）篆刻与茶

中国篆刻是镌刻印章的通称。印章字体，一般采用篆书，先写后刻，故称篆刻。我国篆刻艺术历史悠久，当中不少篆刻作品与茶结下了不解之缘。茶字印是带有“荼”（即古“茶”）字印文的玺印。秦汉以前，茶字印甚少。目前仅从现存古玺印痕中可以看到如“牛荼”和“侯荼”等印章。直到清代，印人篆刻以茶事为内容的印作明显增多，其中有“西泠八家”之一的黄易和篆刻大家吴昌硕的不少杰作。茶印按字义内容分，大体可划分为切题印和题外印两大类。前者即以茶事为题材的印章，

图 3-29 篆刻与茶

后者即非以茶事为题材而有“茶”字的印章。以性能分，可归纳为实用印章和篆刻艺术印章两大类。如“张荼”为汉篆圆形白文印，是以“荼”为名者的私印，刊于清代陈介祺所辑《钟山房印举》，是迄今史料中所能见到的最早的茶字印，全印清丽灵动，刚健洒脱。再如《茶魔诗史》白文方印，见于明代篆刻家常州人程大年的《程大年印谱》中，四字以一大一小、一小一大参差布局，使其字体结构协调，朱白相间合理，整体秀美而不疏散，庄重而不死板，是一枚集古拙与妍丽于一体的篆刻艺术佳作。

综观茶的书画历史，不难看出，其创作过程是和中华茶文化史结伴而行的。研究茶文化史，不能不研究与茶有关的书和画；同样，一幅幅情趣盎然的茶书画，又丰富了中华茶文化的内涵。

课后拓展

1.请列举茶书画中几幅具有代表性的名作。

2.请选取茶事活动中的任一环节与情景，尝试着创作一幅茶画，推动茶文化的创新性发展。

模块四　茶与花艺

茶道中的花艺，是茶席和茶室的一种装饰艺术。它汲取了茶道的和—气—道—神—韵的美学精髓，以花枝进行造型，形成线条、颜色、形态和质感的和谐统一。

一、茶道花艺的起源

我国品茶赏花的美趣远在唐代就已盛行，文人及禅家皆有茶宴赏花的活动，僧人

皎然曾在诗中写道："九日山僧院，东篱菊也黄。俗人多泛酒，谁解助茶香"，当时赏花品茶风气可见一斑。 在宋代，插花已经和茶、画、香一起，被人们作为生活的"四艺"同时摆于茶席之中。以后日本出现的"花道"也源于我国。茶席中的插花，不同于一般的宫廷插花、宗教插花、文人插花和民间生活插花，而是为体现茶的精神，追求崇尚自然、朴实秀雅的风格，并富含深刻的寓意。其基本特征是简洁、淡雅、小巧、精致。鲜花不求繁多，只插一两枝便能起到画龙点睛的效果，并追求线条，构图的美和变化，以达到朴素大方、清雅绝俗的艺术效果。

二、茶道花艺的作用

茶性简朴，可爽神，能醒思，而插花正如品茶一般，透过花的真实以得到精神之满足。茶艺插花的精神在于纯真的"情"，追求恬适简约与超凡绝俗；茶艺插花的艺术特点是追求清远的"趣"，只有纯"情"和清"趣"才能在静寂的书斋、茶室或禅房中，透过一丝洁净的生命，享尽天地与我合一。插花，就和茶室里其他艺术作品一样，从属于整体装饰的主题架构。因此，茶人的插花，一旦搬离原来设定的位置，就会失去其意义。花的地位对人类而言，其实可与情诗相提并论：宁静安详，香气就能致远；无须做作，甜蜜已达人心。

图 3–30　茶道花艺（一）

三、茶道花艺意境营造

茶室插花首先要力求立意奇巧高远，"立意取材，意在花先"。文学艺术有其相通之处，为了使茶艺插花作品能融自然之美于茶事活动之中，要求插花应像绘画或诗文创作强调"意在笔先"一样，强调"意在花先"。茶艺插花立意重在"真、新、高、洁"。其中的"真"是指感情真挚，立意首先应当注重能反映出茶艺真实的主题内涵；"新"是指构思新颖、新奇、不落俗套；"高"是指意境高远，耐人寻味，有艺术感染力；"洁"是指插花的造型简洁、自然、明快，充满生机活力。其次，是

图 3-31　茶道花艺（二）

根据立意去选择最适当的花草。具体地说，茶艺插花立意取材时主要从反映时令（即花有花候，从时令方面用插花点明季节特点）、以花传情（即用花语表达主人的情感）以及彰显茶艺主题等三个方面考量。花与茶兼性相宜、心性相融。教人崇幽尚静、清心寡欲，进而修身养性，达到心灵升华。纯真、质朴、清灵、脱俗、清简，为茶道插花追求之精神。茶席插花的意境创造，一般有具象表现和抽象表现两种表现方法。具象表现一般不作十分夸张的设计，而是实实在在，不留矫揉造作的痕迹，使营造的意境清晰明了；抽象表现则是运用夸张和虚拟的手法来表现插花的主题，可以拟人，也可以拟物，把握抽象表现的尺度在似是而非之间。

四、插花与花器的关系

茶器是指茶壶、茶碗、茶杯、茶桶（筒），盛上清水就可以插花。茶室插花的花器有其特定要求，首先要便于悬挂和摆放，同时花器的色调和质感要与茶室氛围相协调，常选用竹木和陶瓷花器，分为瓶、盆、缸、筒、碗、篮和自由式花器。插花造型的结构和变化，在很大程度上得益于花器的型与色。就花器的造型来说，它既限制了花体，也衬托了花体。

图 3-32　茶道花艺（三）

花器是茶席插花的基础和依托，要求花体简约精巧，同时也决定了花器的大小。在花器的质地上，一般以竹、木、草编、藤编和陶瓷为主，以体现原始、自然、朴实之美。花器和几架也颇讲究，插花作品配上茶几茶盘，不仅增美感，更显脱俗雅致。瓶高和盆宽可以用手掌的一跨左右来衡量，以陶、瓷、

铜、竹、木、瓦等造型简约、纹饰朴实者为佳。水盆插花用剑山固定，瓶插则采用支架等物品来固定。

五、茶道花材的选择

茶室插花常采用中国传统插花艺术，作品强调自然美、线条美和意境美，色彩不宜华丽。常选用松、竹、梅、银柳、桃花、南天竹、红叶、菊花、百合、荷花、紫藤等传统花材，并搭配枯枝、根材、藤条等。选择花材应注意掌握如下几点：①多选用木本花材，少选用娇嫩的草本花材，以延长使用期。②根据茶会主题选择花材，如告别会选用勿忘我，新年会选用松竹梅。③选择季节感强的花材，例如春天——桃，夏天——荷，秋天——菊花、红叶，冬天——梅、山茶。④花材特性以和茶室环境相协调为宜，注意选择东方风格的花材，尽量少用西洋风格花材（如郁金香、红黄色月季）。⑤一般较少选用色彩过于华丽的花材（如红掌、红月季）。⑥避免选用有浓重气味的花材（香水百合、夜来香）和有毒花材（变叶木、虎刺梅、夹竹桃等）。

图 3-33　茶道花艺（四）

六、茶道花艺的造型特点

茶道插花的造型特点讲究优美的线条、简洁淡雅的用材、自然清新的氛围、诗情画意的情趣和超凡脱俗的意境。一般可分为直立式、倾斜式、悬挂式和平卧式四种。直立式是指鲜花的主干基本呈直立状，其他插入的花卉，也都呈自然向上的势头；倾斜式是指花卉的总体轮廓呈倾斜的长方形，通常情况下横向尺寸大于高度；悬崖式是指以第一主枝在花器上悬挂而下为造型特征的插花；平卧式是指全部的花卉在一个平面上的插花样式。线条是茶道插花最基本的视觉要素之一，线条的粗细曲直、刚柔、疏密，形成了简洁、飘逸、粗犷的造型，花枝线条千变万化，表现力非常丰富。柔美、刚劲、秀雅都可以寥寥数枝淋漓尽致地表达，粗枝劲干表现雄壮气势，纤细柔枝

图 3-34 茶道花艺（五）

表现温馨秀丽。

七、茶室插花与茶席插花的区别

虽然都是以体现茶的精神，崇尚自然朴实，清雅绝俗为目的，但茶室插花与茶席插花还是有着明显不同的特征。茶席插花简约精巧，茶室插花自然秀雅。两者的主要区别在于：①花器上的区别。茶席插花花体简约精巧，以个体较小的瓶、盘、筒、碗和自由式花器为主，质地一般以竹、木、草编、藤编和陶瓷为主，极力体现原始、自然、朴实之美。茶室插花要便于悬挂和单独摆放，器物比茶席插花的大，花器的色调和质感要注意和茶室氛围相协调，常选用竹木和陶瓷花器，分为瓶、盆、缸、筒、碗、篮和自由式花器。②固定器材上的区别。茶室插花的表现空间比茶

图 3-35 茶道花艺（六）

图 3-36 茶道花艺（七）

席插花要大。茶席插花多以花器为基础和依托，很少使用剑山固定和支撑花材，往往利用花材的枝条加以辅助。而茶室插花会采用剑山固定和支撑花材，会用粗细铅丝用于固定和弯曲花材，还会用到胶带等工具绑扎固定草本类较弱的花材。③花材上的区别。在花材的选取上，茶席插花，鲜花不求多，只插上一两枝往往便能起到画龙点睛之用，线条、构图讲究静美和禅意。茶室插花，强调其自然美、线条美和意境美，花材的使用更为丰富，松、竹、梅、银柳、桃花、南天竹、红叶、菊花、百合、荷花、紫藤等传统花材和枯枝、根材、藤条等都是常用花材。

八、茶道插花步骤及注意事项

首先，花和花器的形状以及高度一定要相称。直线条为主的花适合用瘦长的直身花瓶，大朵的花适合鼓腹的花瓶。除特殊需要或者是最高部分的花材非常纤细外，花的高度一般是花瓶的一倍，且不超过两倍。其次，使用的花材颜色形状与花瓶颜色形状要相称。一般使用互补色来搭配比较美观，花瓶的颜色不能盖过花色，白色花瓶最简单有效。另外，花瓶形状不宜花哨，免得喧宾夺主，形状简单的花瓶适合简洁明快的花，复杂花瓶就要搭配华丽的花。再次，同一瓶花的颜色不宜超过三色，简洁型插花其花材种类和数量不宜过多，华丽的插花则用不同形状的花材来搭配，但颜色同样不能太复杂。使用单一花材的可以在颜色上按主次需要进行组合，也可以只使用一种颜色，如果觉得太过单调，就使用切叶类花材进行点缀。还有，每一瓶花都需要有一个焦点。其他的花材就是为了突出这个焦点，并在形状上对焦点进行陪衬。此外，插花的程序也很重要。一般要先定下这瓶花的最高点和最宽点，先插入最高的那枝花，然后再插入最宽的那枝花，接着是插焦点花，这些花插入后整瓶花的大致形状已经完成。再把其余的花材按照需要的长度和位置逐步插入。

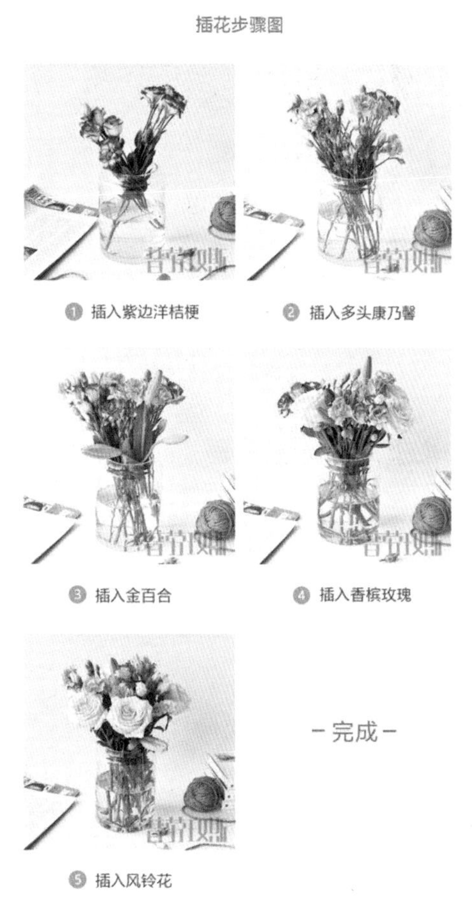

图 3-37　茶道花艺（八）

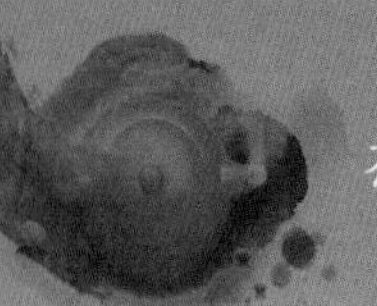

课后拓展

1.说一说茶室插花与茶席插花在花器和花材的选择上有何不同。

2.根据所学内容，以茶道言志，尝试完成一个茶道插花作品，并解析其造型特点。

第四章
茶艺技能

学习目标：

1. 掌握基本茶艺礼仪知识，熟练运用茶艺礼仪技能，弘扬中华传统礼仪，满足日益增长的精神文化需求；

2. 掌握如何择水；

3. 了解各种茶具；

4. 掌握指定茶艺操作技能，实践和传承茶人的工匠精神；

5. 了解茶席设计理念，掌握品茗环境的要求与布置。

模块一　茶艺礼仪

一、服饰礼仪

服饰是一种文化，反映一个民族的文化素养、精神面貌和物质文明发展的程度；着装是一门艺术，正确得体的着装，能体现个人良好的精神面貌、文化修养和审美情趣。公务场合着装要端庄大方；参加宴会、舞会等应酬交际，着装应突出时尚个性；休闲场合穿着舒适自然。全身衣着颜色一般不超过三种。茶艺师的穿着则以简单、素雅、大方为主。

图 4-1　茶艺服饰礼仪图示

二、发型礼仪

茶艺师的发型也是礼仪中的重要组成部分。作为茶艺师，发型也应该是自然、大方、整洁的。并且，需要与服装、场景相适应，其次要与脸型相协调。根据需求可以适当增加一些配饰，添加美感。

图 4-2　茶艺发型礼仪图示

三、仪表仪态

仪表，是指人的外表，它包括头、脸、手脚、妆容、服饰等。与人们的生活情趣、生活品质息息相关。在日常生活中，尤其是对于女性来说，适度而得体的化妆，可以体现女性端庄、美丽、温柔、大方的独特气质。茶艺师则需要淡妆，不宜浓妆。

图 4–3　茶艺仪表仪态图示

仪态是指人在行为中的姿势和风度，姿势包括走姿、站姿、坐姿等，茶艺师需要将这些东西转化成自己外在的表现形式，也就是气质。所以，茶艺师不一定要长得很漂亮，关键还是在于这份“茶”气。一般而言，泡茶前，不宜喷香水或者吃一些气味较重的东西。

四、出场

茶艺师出场，需要上身保持挺直，抬头，目光平视，面带微笑，肩膀放松，手按照常规的礼仪自然摆放，并且走的时候需要走直线。

五、走姿礼仪

走姿需要稳、自然、优雅、大方。切记莫要走路左右摇晃，或者匆匆忙忙甚至扭动屁股。

图 4–4　茶艺走姿礼仪图示

六、站姿礼仪

站姿，坚持“松、挺、收、提”四字原则。“松”是指肩膀放松，面带微笑；“挺”是指挺胸，不能驼背；“收”是指收腹，双脚合拢；“提”是指提臂。

图 4-5　茶艺站姿礼仪图示

七、鞠躬礼仪

鞠躬以站姿为预备，上半身由腰部起前倾，使得头、背成一条直线，一般而言弯腰度数越大，越表示对对方真诚的敬意。然后慢慢起身。鞠躬要与呼吸相配合，弯腰下倾时吐气，身直起时吸气。行礼时，需要与对方保持一定的距离，避免造成不适感。

图 4-6　茶艺鞠躬礼仪图示

八、表情礼仪

茶艺师需要保持恬静、自然、端庄的表情，表情是茶艺师的内心活动的外在体现，别人可以通过眼睛、嘴巴、面部肌肉了解你的心态。

图 4-7　茶艺表情礼仪图示

九、眼神礼仪

眼神礼仪是茶艺师表情礼仪里面最重要的组成部分。茶艺师在表演过程中，需要目光内敛、眼观鼻、鼻观心。切忌左顾右盼、眼神飘忽不定、神色紧张。

图 4-8　茶艺眼神礼仪图示

课后拓展

依据要点练习和掌握茶艺礼仪，让优秀传统礼仪浸润心灵。

模块二 择水

一、古代对用水的看法和选择

明代许次纾《茶疏》云："精茗蕴香，借水而发，无水不可与论茶也。"水是茶叶滋味和内含有益成分的载体，茶的色、香、味和各种营养保健物质，都要溶于水后，才能供人享用。而且水能直接影响茶质，明人张大复在《闻雁斋笔谈》中说："茶性必发于水，八分之茶，遇水十分，茶亦十分矣；八分之水，试茶十分，茶只八分耳。"因此好茶必须配以好水。

《煮泉小品》中说，"茶，南方嘉木，日用之不可少者；品固有媺恶，若不得其水，且煮之不得其宜，虽佳不佳也。"

图 4-9 活水

从来名士能评水，自古高僧爱斗茶。泡茶宜选用天然的活水，最好是泉水、山溪水；其次是无污染的雨水、雪水；接着是清洁的江、河、湖、深井中的活水及净化的自来水，切不可使用池塘死水。唐代陆羽在《茶经》中指出："其水，用山水上，江水中，井水下。其山水，拣乳泉石池慢流者上，其瀑涌湍漱勿食之。"是说用不同的水，冲泡茶叶的结果是不一样的，只有

图 4-10 煮茶图

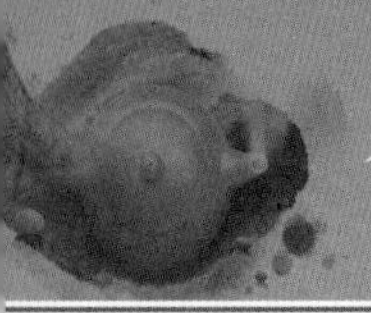

佳茗配美泉，才能体现出茶的真味。

古代的人对水源的选择强调用活水，认为天水（雨、雪等）与泉水是煮茶首选。总结起来就是三点：水甘而洁、活而清、贮水得当。

明代屠隆《茶笺·择水》中按来源分为：天泉（雨水），秋水为上，梅水次之；地泉，取乳泉漫流者，取清寒者，取香甘者，取石流者，取山脉逶迤者；江水，取去人远者，杨子南冷夹石停渊，特入首品；井水，虽然汲多者可食，终非佳品；等等。

明代张源在其著作《茶录》中写道："山顶泉清而轻，山下泉清而重，石中泉清而甘，砂中泉清而冽，土中泉清而白。"

"甘"是指水一入口，舌尖顷刻便会有甜丝丝的美妙感觉。"清"表明没有杂质、无色、透明、无沉淀物。"活"是指水源要活。"泉不流者，食之有害（明·田艺蘅）"。

二、现代对用水的选择

我国泉水极其丰富，著名的泉水就有百余处。像无锡惠山泉、杭州龙井泉、杭州虎跑泉、镇江中冷泉等等。

所以可以将用水可分为天水、地水、再加工水三大类。再加工水即城市销售的"太空水""纯净水""蒸馏水"等。

（一）自来水

自来水是最常见的生活饮用水，其水源一般来自江、河、湖泊，属于加工处理后的天然水，为暂时硬水。因其含有用来消毒的氯气等，在水管中滞留较久的，还含有较多的铁质。当水中的铁离子含量超过万分之五时，会使茶汤呈褐色，而氯化物与茶中的多酚类作用，又会使茶汤表面形成一层"锈油"，喝起来有苦涩味。所以用自来水沏茶，最好用无污染的容器，先贮存一天，待氯气散发后再煮沸沏茶，或者采用净水器将水净化，这样就可成为较好的沏茶用水。

（二）纯净水

纯净水是蒸馏水、太空水的合称，是一种安全无害的软水。纯净水是以符合生活饮用水卫生标准的水为水源，采用蒸馏法、电解法、逆渗透法及其他适当的加工方法制得，纯度很高，不含任何添加物，可直接饮用的水。用纯净水泡茶，不仅因为净度好、透明度高，沏出的茶汤晶莹透澈，而且香气滋味纯正，无异杂味，鲜醇爽口。市

面上纯净水品牌很多，大多数都宜泡茶。其效果还是相当不错的。

（三）矿泉水

我国对饮用天然矿泉水的定义：从地下深处自然涌出的或经人工开发的、未受污染的地下矿泉水，含有一定量的矿物盐、微量元素或二氧化碳气体，在通常情况下，其化学成分、流量、水温等动态指标在天然波动范围内相对稳定。与纯净水相比，矿泉水含有丰富的锂、锶、锌、溴、碘、硒和偏硅酸等多种微量元素，饮用矿泉水有助于人体对这些微量元素的摄入，并调节肌体的酸碱平衡。但饮用矿泉水应因人而异。由于矿泉水的产地不同，其所含微量元素和矿物质成分也不同，不少矿泉水含有较多的钙、镁、钠等金属离子，是永久性硬水，虽然水中含有丰富的营养物质，但用于泡茶效果并不佳。

（四）净化水

通过净化器对自来水进行二次终端过滤处理制得，净化原理和处理工艺一般包括粗滤、活性炭吸附和薄膜过滤等三级系统，能有效地清除自来水管网中的红虫、铁锈、悬浮物等机械成分，降低浊度，达到国家饮用水卫生标准。但是，净水器中的粗滤装置要经常清洗，活性炭也要经常换新，时间一久，净水器内胆易堆积污物，繁殖细菌，形成二次污染。净化水易取得，是经济实惠的优质饮用水，用净化水泡茶，其茶汤品质是相当不错的。

（五）天然水

天然水包括江、河、湖、泉、井水及雨水。用这些天然水泡茶应注意水源、环境、气候等因素，判断其洁净程度。取自天然的水经过滤、臭氧化或其他消毒过程的简单净化处理，既保持了天然又达到洁净，也属天然水之列。在天然水中，泉水是泡茶最理想的水，泉水杂质少、透明度高、污染少，虽属暂时硬水，加热后，呈酸性碳酸盐状态的矿物质被分解，释放出碳酸气，口感特别微妙，泉水煮茶，甘洌清芬俱备。

然而，由于各种泉水的含盐量及硬度有较大的差异，也并不是所有泉水都是优质的，有些泉水含有硫磺，不能饮用。江、河、湖水属地表水，含杂质较多，混浊度较高，一般说来，沏茶难以取得较好的效果，但在远离人烟，且植被生长繁茂之地，污染物较少，这样的江、河、湖水，仍不失为沏茶好水。如浙江桐庐的富春江水、淳安的千岛湖水、绍兴的鉴湖水就是例证。唐代陆羽在《茶经》中说："江水，取去人远

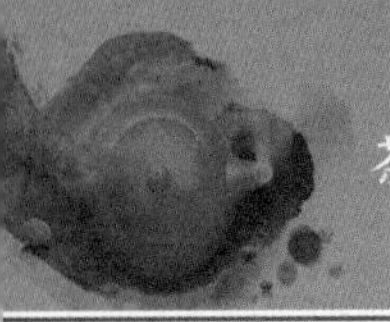

者。”说的就是这个意思。唐代白居易在诗中说：“蜀茶寄到但惊新，渭水煎来始觉珍”，认为渭水煎茶很好。唐代李群玉曰：“吴瓯湘水绿花新”，说湘水煎茶也不差。明代许次纾在《茶疏》中更进一步说：“黄河之水，来自天上。浊者土色，澄之既净，香味自发。”言即使混浊的黄河水，只要经澄清处理，同样也能使茶汤香高味醇。这种情况，古代如此，现代也同样如此。

雪水和天落水，古人称之为“天泉”，尤其是雪水，更为古人所推崇。唐代白居易的“融雪煎香茗”，宋代辛弃疾的“细写茶经煮香雪”，元代谢宗可的“夜扫寒英煮绿尘”，清代曹雪芹的“扫将新雪及时烹”，都是赞美用雪水沏茶的。

至于雨水，一般说来，因时而异：秋雨，天高气爽，空中灰尘少，水味“清洌”，是雨水中上品；梅雨，天气沉闷，阴雨绵绵，水味“甘滑”，较为逊色；夏雨，雷雨阵阵，飞沙走石，水味“走样”，水质不净。但无论是雪水或雨水，只要空气不被污染，与江、河、湖水相比，总是相对洁净的，是沏茶的好水。

井水属地下水，悬浮物含量少，透明度较高。但它又多为浅层地下水，特别是城市井水，易受周围环境污染，用来沏茶，有损茶味。所以，若能汲得活水井的水沏茶，同样也能泡得一杯好茶。唐代陆羽《茶经》中说的“井取汲多者”，明代陆树声《茶寮记》中讲的“井取汲多者，汲多则水活”，说的就是这个意思。明代焦竑的《玉堂丛语》，清代窦光鼐、朱筠的《日下旧闻考》中都提到的京城文华殿东大庖井，水质清明，滋味甘洌，曾是明清两代皇宫的饮用水源。福建南安观音井，曾是宋代的斗茶用水，如今犹在。

现代工业的发展导致环境污染，已很少有洁净的天然水了，因此泡茶只能从实际出发，选用适当的水。

课后拓展

1.泡茶用软水还是硬水？它们有什么区别？

2.如何将生活用水处理成泡茶用水？

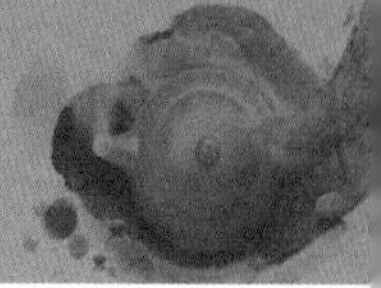

模块三　茶具

一、绿茶茶具

（一）玻璃杯的特点

玻璃茶具是茶具中的后起之秀。

玻璃质地：透明、可塑性强；玻璃茶具：晶莹剔透、光彩夺目、光洁、导热性好，时代感强，价廉物美。

（二）各茶具的名称和用途

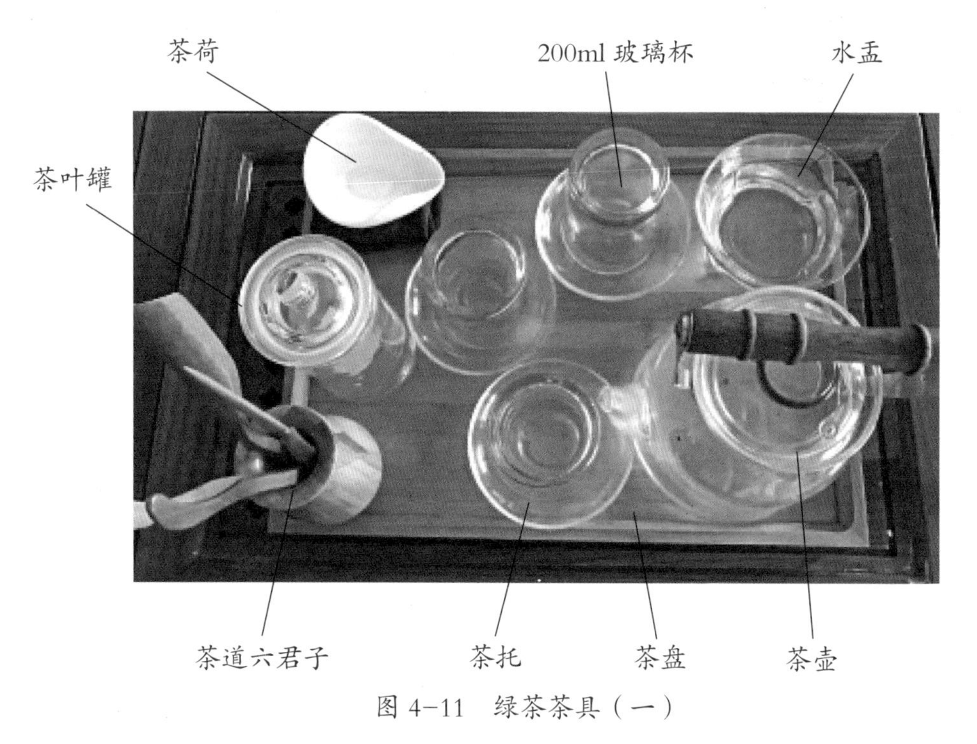

图 4-11　绿茶茶具（一）

1. 茶道组（又称六君子）

①茶针：一头是尖的，一头是椭圆的。通常用于盖碗当中，并且基本用于翻盖碗的时候。

②茶匙：一头扁而细，一头宽而粗。在使用的过程中通常扁而细的一头进行取茶，取茶时，弯曲面向下。并且主泡者通常持宽而粗的一头。

③茶则：通常在取乌龙茶或者普洱茶的时候用到，取绿茶和红茶基本用茶匙。

④茶夹：用来拿取消毒的品茗杯，避免用手去拿，弄脏品茗杯。

⑤茶壶：玻璃型茶壶，容量大。散热快，避免开水过烫泡坏茶。并且和玻璃杯成

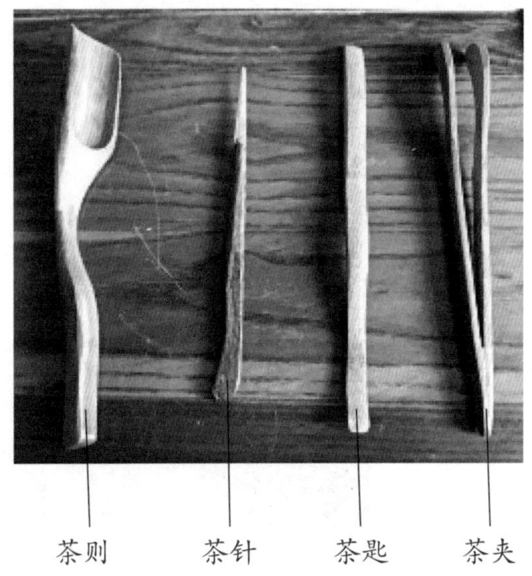

图 4-12　绿茶茶具（二）

一套，具有整体美观感。

⑥玻璃杯：规格200ml，晶莹剔透、光彩夺目、光洁、导热性好，时代感强，价廉物美，不容易把茶叶闷坏。

⑦水盂：放置废水，款式很多，可以选择和玻璃杯相匹配的水盂。

⑧茶叶罐：茶叶罐要放在阴凉的地方，茶叶罐要盖紧，避免潮湿发霉。茶叶本来就容易吸收周围环境中的味道。所以不盖紧，茶叶很容易会带有其他东西的味道而变味。

⑨茶巾：用来擦拭水渍、水滴，保持杯子、桌面的干净整洁。折的时候，先对折，如果还是很大就再对折。然后折三折分别从左向右折一折。接着从右向左折一折。然后光滑的一面朝向别人。

⑩茶荷：盛放茶叶，便于观赏。

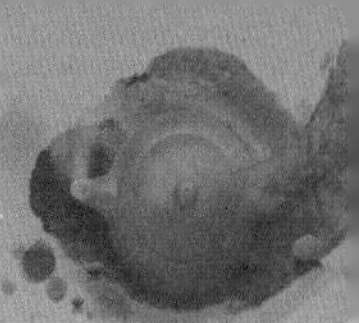

二、乌龙茶茶具

图 4-13　乌龙茶茶具（一）

（一）茶道组（又称六君子）

①茶道筒；②茶针；③茶匙；④茶则；⑤茶镊；⑥茶漏。

（二）紫砂壶

保温、透气、蓄香，但也容易藏污纳垢。并且在泡乌龙茶的过程中，也充当公道杯的角色。

（三）茶船

泡茶用具的垫底茶具。

既可增强美观性，又可防止茶壶烫伤桌面。

盘状：船沿矮小，整体如盘状夹层状，茶船制成双层，上层有许多排水小孔，使冲泡溢出之水流入下层，并有出水口，使夹层中的积聚之水容易倒出。

（四）水盂

放置废水，款式很多，可以选择和其他茶具相匹配的水盂。

（五）品茗杯

适合用来小口品饮。

选用的品茗杯和盖碗、茶叶罐、公道杯都要配套。

（六）闻香杯

先盛放茶汤，再倒入品茗杯，闻嗅留在杯底之余香。

（七）茶托

乌龙茶茶具里特有的，放置品茗杯和闻香杯。

（八）茶叶罐

乌龙茶茶具里特有的。放置茶叶，并且要放在阴凉的地方，茶叶罐要盖紧，避免茶叶潮湿发霉。茶叶本来就容易吸收周围环境中的味道。

（九）茶壶

和其他的工具配套。由于其他工具的材质是白色陶瓷，如果用的是玻璃材质的茶壶，整体不协调。而且泡乌龙茶水温通常比较高，要保温效果较好，才能容易把乌龙茶、普洱茶泡好。

紫砂壶

茶船

水盂

品茗杯

茶叶罐

茶壶

图 4-14　乌龙茶茶具（二）

三、红茶茶具

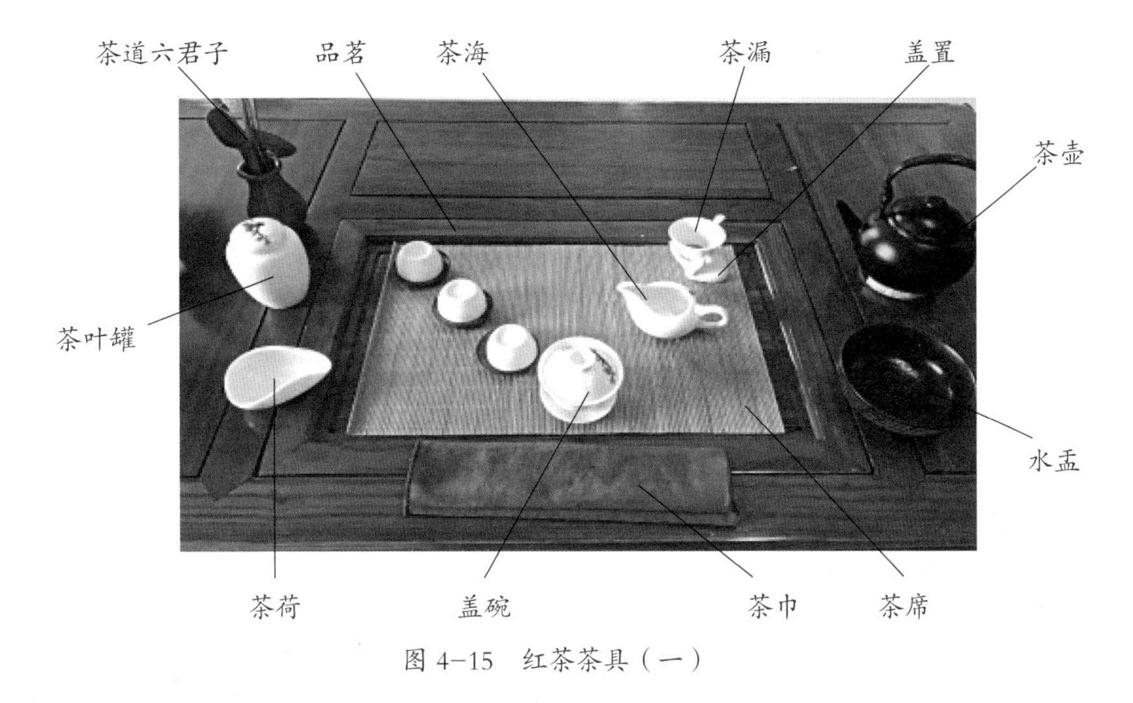

图 4-15　红茶茶具（一）

（一）各茶具的名称和用途

1. 盖碗

又称三才杯，由盖、碗、托三部件组成，可泡茶或泡、饮合用。上面有花纹，在摆放的时候花纹对着别人。

2. 公道杯

亦称茶盅、茶海，盛放泡好的茶汤。因有使茶汤浓度均匀的功能，故亦称公平杯。

3. 盖置

放置壶盖、盅盖、杯盖的器物。

既保持盖子清洁，又避免沾湿桌面。

4. 茶漏

过滤茶渣，让茶汤清澈入口。

5. 茶叶罐

放置茶叶，并且要放在阴凉的地方，茶叶罐要盖紧，避免茶叶潮湿发霉。茶叶本来就容易吸收周围环境中的味道。所以不盖紧的话，茶叶很容易会带有其他东西的味道而变味。

6. 品茗杯

适合用来小口品饮。选用的品茗杯和盖碗、茶叶罐、公道杯都要配套。

7. 茶壶

和其他的茶具配套。由于其他茶具的材质是白色陶瓷，如果茶壶用的是玻璃材质的，整体不协调。而且泡红茶的水温度通常比较高，茶壶要保温效果较好。

8. 水盂

放置废水，款式很多，可以选择和其他茶具相匹配的水盂。

9. 茶席

起到装饰的作用，放置于最底下，所以布局的时候也是最先拿出来的。

盖碗

盖碗

公道杯

盖置

茶叶罐

品茗杯

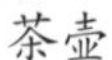

茶壶

水盂

茶席

图 4-16　红茶茶具（二）

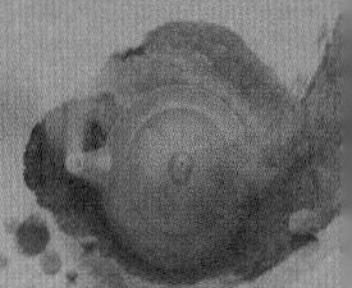

（二）如何选用红茶茶具

条红茶：紫砂（杯内壁上白釉）、白瓷、白底红花瓷、各种红釉瓷的壶杯具、盖杯、盖碗。

红碎茶：紫砂（杯内壁上白釉）以及白、黄底色描橙、红花和各种暖色瓷的咖啡壶。

课后拓展

1.说一说茶道组的组成及各自的功能。

2.品茗杯怎么拿？

拓展资源

模块四　绿茶茶艺

绿茶茶艺程式：

布具—赏茶—翻杯—温杯—投茶—润茶—摇香—冲泡—奉茶—收具

一、布具

图 4-17　布具

二、赏茶

赏茶时，需要将赏茶荷倾斜45°，逆时针方向给客人欣赏。女士双手，男士单手。

图 4-18　赏茶

三、翻杯

左手横着放在玻璃杯后，右手竖着放在玻璃杯前，然后将玻璃杯依次从下往上翻转过来。

图 4-19　翻杯

四、温杯（冰心去凡尘）

依次从上到下，往玻璃杯中注入1/3的水，然后逆时针方向进行温杯，温杯的时候用的是手腕的力量。

图 4-20　温杯

图 4-21　投茶

五、投茶

用茶匙取3克茶叶投入玻璃杯中，茶水比为1克：50毫升。投茶需要从上到下将茶叶均匀地拨入玻璃杯中。

六、润茶（醴泉润香茗）

在开泡前先向杯中注入少许沸水，将茶叶浸没即可。这样做，促使可溶物质释出，也称浸润泡。

图 4-22　润茶

七、摇香

接着，运用温杯时候的手法进行适度摇香，使茶叶在杯中初步展开，充分发挥茶香。这样冲泡出的茶，汤色鲜明，滋味浓鲜，既可润心沁肺又可举盏把玩。此乃品茶大家之雅举。

图 4-23　摇香

八、冲泡（凤凰三点头）

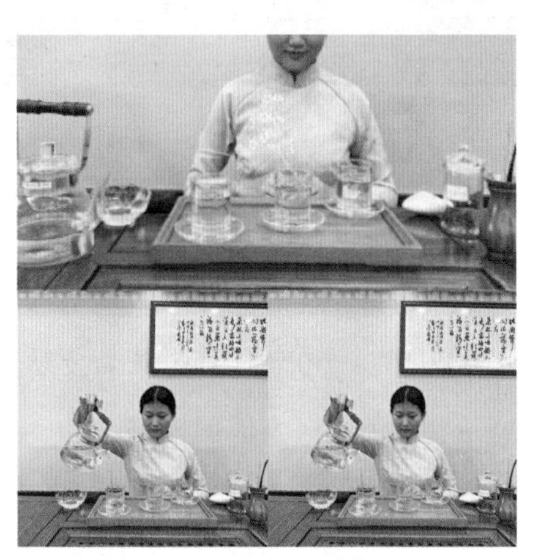

图 4-24　冲泡

佳丽执壶，纤手冲泡，水壶和着节拍三起三落，状似凤凰三点头，高冲低斟缓缓冲盈杯中，此时茶叶随着水的冲击，腾挪跌宕，煞是好看，茶汤浓度均匀一致，香气尽溢。凤凰三点头乃文雅之举，意向嘉宾三鞠躬行礼以表敬意。

九、奉茶（香茗奉嘉宾）

图 4-25　奉茶

十、收具

图 4-26　收具

有序地将茶具依次收到茶盘当中。最后拿出来的茶具最先收，也就是茶巾—赏茶荷—茶叶罐—茶道六君子—水盂—水壶。

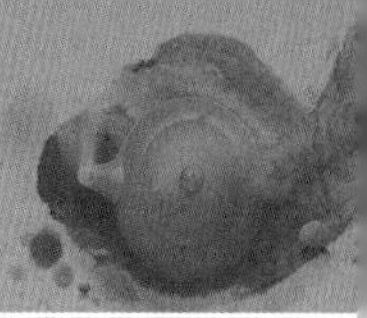

课后拓展

1.冲泡一杯绿茶，感恩父母。

2.凤凰三点头有什么寓意？

模块五　乌龙茶茶艺

拓展资源

乌龙茶茶艺程式

布具—翻杯—取茶—赏茶—温壶—投茶—醒茶—倒茶—壶中续水冲泡—温闻香杯、品茗杯冲泡—倒茶分茶（关公巡查、韩信点兵、扭转乾坤）—奉茶—收具

一、布具

图 4–27　布具

二、翻杯

先将闻香杯依次从左到右，一边翻一边放到左上角，排成一排。然后是翻品茗杯。依次原地翻转过来即可。

图 4–28　翻杯

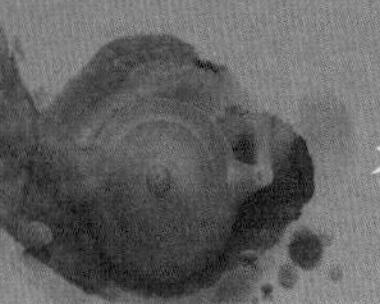

三、取茶

取茶的时候，先将赏茶荷拿到中间，然后去取茶叶罐，用大拇指的力量将茶叶罐打开，将茶叶罐盖子倒扣在茶巾上，再从茶道六君子里取出茶则/茶匙取茶。

图 4-29　取茶

四、赏茶

赏茶时，需要将赏茶荷倾斜45°，逆时针方向给客人欣赏。女士双手，男士单手。

图 4-30　赏茶

五、温壶

先将紫砂壶的盖子打开，然后往紫砂壶里注一定的水，再将盖子盖回去，进行淋壶，然后双手进行温壶。

图 4-31　温壶

六、投茶

图 4-32　投茶

七、醒茶

醒茶就是将茶叶进行冲泡，然后将第一道的茶汤用来温闻香杯、品茗杯。不进行饮用。

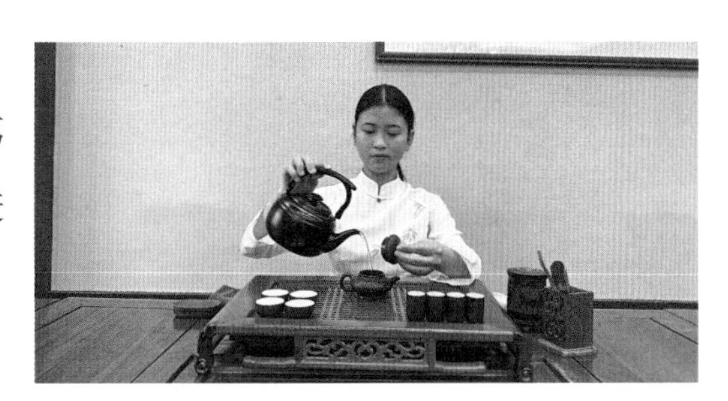

图 4-33　醒茶

八、倒茶

将第一道茶汤匀速地倒在闻香杯和品茗杯中，用第一道的茶汤温品茗杯和闻香杯。

图 4-34　倒茶

九、壶中续水冲泡

这时候继续冲泡，需要扣住水量。如果注水太多，最后关公巡城的茶汤会使得闻香杯很满，并且最后的茶汤量远远超过七分满。

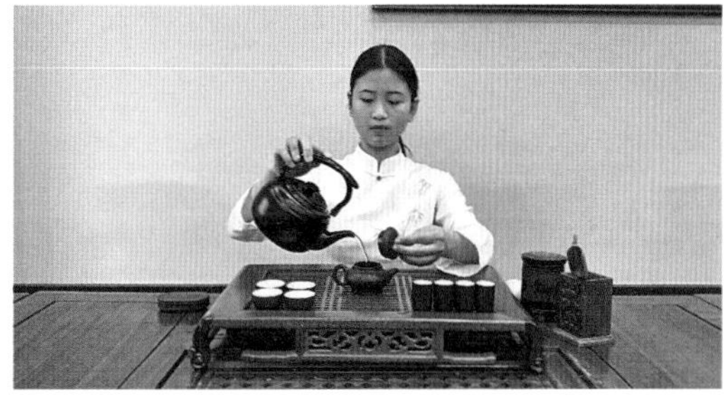

图 4-35　壶中续水冲泡

十、温闻香杯、品茗杯冲泡

双手拿起最外面的两杯闻香杯，同时将水淋在壶上，然后放在另一排。再拿起中间的两个闻香杯重复同样的操作。接着，拿起品茗杯，以“狮子滚绣球”的方式，将品茗杯洗干净。

图 4-36　温闻香杯、品茗杯冲泡

十一、关公巡城

关公巡城顾名思义，需要将紫砂壶里的茶汤匀速、均匀地分在闻香杯当中。从左往右，然后再从右到左，来来回回，直到茶汤均匀地分在闻香杯中。

图 4-37　关公巡城

十二、韩信点兵

将茶汤分得差不多后，在每一个闻香杯上进行一个点头的动作。让茶汤分尽。

图 4-38　韩信点兵

十三、扭转乾坤

左手拿闻香杯、右手拿品茗杯。先在茶巾上擦拭干净，然后，将品茗杯倒扣在闻香杯上。再双手一起，将在品茗杯下面的闻香杯翻到品茗杯上面来。

图 4-39　扭转乾坤

十四、奉茶

图 4-40　奉茶

十五、收具

有序地将茶具依次收到茶盘当中。最后拿出来的茶具最先收。

茶巾—赏茶荷—茶叶罐—茶道六君子—紫砂壶—水壶

图 4-41　收具

课后拓展

1.冲泡一杯乌龙茶，感恩老师。

2.总结茶礼在茶艺学习中的应用。

模块六　红茶茶艺

拓展资源

红茶茶艺程式：

布具—赏茶—温盖碗—温盅及品茗杯—投茶—浸润泡—摇香—冲泡—温杯—出汤—分茶—奉茶—收具

一、布具

布具的基本要素是科学、美观。红茶茶具布置起来两个外八，表示对客人的欢迎。

图 4-42　布具

二、赏茶

赏茶时，需要将赏茶荷倾斜45°，逆时针方向给客人欣赏，女生双手，男生单手。

图 4-43　赏茶

三、温盖碗

将热水注入盖碗，按逆时针方向采用回旋斟水法，令盖碗周身受热均匀，祛除冷气，提高盖碗温度，便于茶香更好地散发。

图 4-44　温盖碗

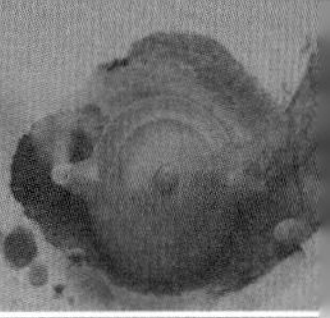

四、温盅及品茗杯

先用茶针将盖碗盖子翻过来，然后将公道杯里的水分到品茗杯中，再用剩余的水温公道杯，接着，将公道杯里的水弃掉，放回原位。接着温盖碗，逆时针方向温一圈以后直接弃水。

图 4-45　温盅及品茗杯

五、投茶

用茶匙取茶叶放入壶中，名优红茶茶、水比为1克：50毫升。

图 4-46　投茶

六、浸润泡

浸润茶叶，帮助茶叶的舒展和茶汁的浸出，使饮用者很快感觉到茶叶香味。

图 4-47　浸润泡

七、摇香

摇香用的是手腕的力量，逆时针方向，通常3–5圈即可。

图 4-48　摇香

八、悬壶高冲

这是冲泡红茶的关键。左手揭盖，右手提壶，向盏内高冲低斟注入开水，该冲泡方法可以使茶叶翻滚，利于茶叶色、香、味的充分发挥。

图 4-49　悬壶高冲

九、温杯（若深出浴）

品茗杯又称若深杯，将公道杯中的茶水用于清洗品茗杯，犹如少女出浴。

图 4-50　温杯

十、出汤

出汤有两点要领：出汤要低，速度要快，一是避免茶汤飞溅，二是避免茶汤滋味、香气的丢失。

图 4-51　出汤

十一、分茶

分茶需要用公道杯均匀地将茶汤依次分过去，每杯七分满即可。

图 4-52　分茶

十二、奉茶

需要将杯子依次有序地放在茶盘，再站起，离座，端稳奉茶盘下去奉茶。

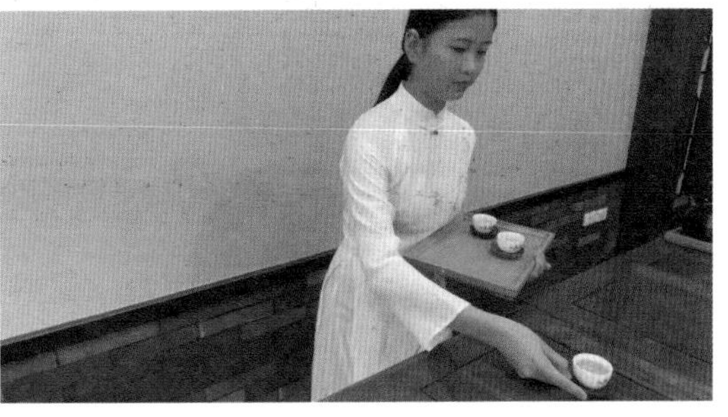

图 4-53　奉茶

十三、收具

有序地将茶具依次收到茶盘当中。最后拿出来的茶具最先收，也就是茶巾—赏茶荷—茶叶罐—茶道六君子—茶漏—公道杯—盖碗—水盂—水壶。

图 4–54　收具

课后拓展

1.冲泡一杯红茶，感恩老师。

2.遵循规则意识，学懂弄通茶事关系应注意的法则与秩序。

模块七　茶席的设计

一、定义

茶席，是泡茶、喝茶的地方。它既是沏茶者的操作场所，也是茶道活动的必需空间。茶席设计是以茶为灵魂，以茶具为主体，在特定的空间形态中，与其他的艺术形

图 4–55　茶席

式相结合，共同完成一个有独立主题的茶道艺术的组合整体。茶席是以茶为中心，将中西美学、文化融合在一起的茶空间。但是，每个茶席都只可能有一个灵魂，那就是茶席的主题。因此，茶席设计就是以茶具为主体，以铺垫等为辅助，并且与插花等艺术相结合，从而布置出具有一定意义或功能的茶席。

二、茶席环境的布置

（一）茶席设计的中心——茶

茶席设计首先会从泡什么茶开始想，能泡出好喝的茶汤永远都是泡茶者最核心的课题，按照所泡茶的茶性来选择茶壶或盖碗、茶杯、茶盅、煮水器、茶罐、插花与布景。

（二）茶席设计的主体——茶具

茶席摆放要实用性与艺术性相结合。

实用性，是指茶席设计的时候就要考虑它的实用目的和作用。如果设计的茶席不具备任何使用功能，那这样的茶席就是去它的意义和价值。所以，茶席的首要功能就是能够真正地泡茶和品茶，否则就是失去了茶席的根本作用。

艺术性，是指需要我们精心地去布置茶席，这样的茶席能够给我们视觉享受，同时能够营造出诗情画意的茶文化氛围，因此，我们在注重茶、茶具、插花等的同时，也需要去热爱生活，发现美。这样茶席才能永不过时，并且来自生活却高于生活。

构成要素：茶品、茶具组合、铺垫、插花、焚香、挂画、相关工艺品、茶点茶果、背景。

图 4-56　茶席的布置

在宋明时期，焚香、挂画、插花、点茶被称为品茗四艺，在文化界非常受重视。

（三）茶具的摆放

茶具的选择与搭配应该考虑到实用性，能泡出口感好，让人回味无穷的茶汤才是好的茶具。

茶具的摆放要注意合理、顺手好用的原则，在你泡茶时能动作流畅无阻碍，感觉才会自然大方。

图 4-57　茶具的摆放

（四）铺垫

铺垫是茶席整体或者局部物件摆放下的铺垫物，也是布艺和其他物质的统称。

铺垫的作用，是避免茶桌上器皿在摆放过程中发生不必要的碰撞，映衬茶叶和茶具组合的特性；营造氛围、表达主体。可起到对称、非均匀、烘托、反差和渲染的作用。

图 4-58　铺垫

（五）插花

在茶席上插一点花，让花木的色彩与线条融入茶席中，与茶具合为一个和谐的整体。站在顾客的位置插花，顾客才可以欣赏到茶、花最美的姿态，如果自己一个人品茶，插花就朝向自己。不宜选用香气过浓的花，如丁香花，为的是防止花香冲淡焚香的香气以及防止花香混合茶特有的香气；不宜选用

图 4-59　插花

色泽过艳过红的花，以防破坏整个茶席清雅的艺术气氛；不宜选用已经盛开的花，以含苞待放的花为宜，使人观赏花的变化，领悟人生哲理。

（六）其他要素

其他要素可根据主题自行选择，如焚香、挂画、相关工艺品、茶点茶果、背景等。

（七）茶汤质量

当我们设计茶席的时候，不能只重视茶席的美观，而忽略了茶汤的质量。

三、茶席作品欣赏

（一）茶席主题：松阳茶故事

沏泡茶品：松阳香茶

选用茶具：陶瓷大碗1个，泡茶仿清品茗杯5个、竹制分茶勺1个，陶瓷水壶一把，杯垫5个，壶承1个。

背景文案：松阳，历史悠久。早在远古时代，先民就在这片美丽富饶的土地上繁衍生息，辛勤耕耘，百折不挠，探索不止，在创造灿烂农耕文化的同时，也孕育了源远流长的茶文化。

茶席以蓝色底为主，上面铺着一幅唐代人喝茶的场景图，然后配上古色古香的茶具，整个茶席就有了年代感，与主题松阳茶故事茶文化相符合。并且，扇子上写有松阳二字，主题明确。

图 4-60　松阳茶故事

（二）茶席主题：长征精神

背景：雪山草地。

音乐：地平线、红旗颂、《七律·长征》剪辑。

铺垫：红军战士遮风避雨的蓑衣。

图 4-61　长征精神

茶具：红军战士随身携带的军用水壶、竹筒杯。

茶叶：一小块雅安藏茶。

坐具：红军战士的行军包。

煮茶器：一顶刚缴获的敌人的钢盔，倒悬在用三支拄杖束起的一小丛篝火之上。

煮茶用水：身边就近的一汪雨雪积水。

配饰：军帽、党旗、军号。

构思：红军长征途中，红军先头部队的红二师四团翻越人迹罕至，终年积雪，海拔 4500 多米的夹金山。道路险峻，天气变幻莫测，后有敌军追击。一位受重伤的四川籍小战士，在弥留之际，从怀中掏出一块藏茶，想再喝上一口，那是临行前，母亲含泪装进他包裹里的，他从不舍得喝，想家的时候就捧在手心闻一闻。为满足他的愿望，战士们幕天席地，就地取材，燃一堆篝火煮茶。火焰跳动，茶香氤氲，小战士在一缕茶香中安详地闭上了眼睛。

课后拓展

请设计一个茶席，要注明主题、寓意等，做到守正创新，以茶性喻人、以茶道言志、以茶德明礼。